国家出版基金项目
NATIONAL PUBLICATION FOUNDATION

中国航天技术进展丛书
吴燕生 总主编

军用嵌入式计算机
全生命周期可靠性设计保证技术

柴 波 著

CAPH
中国宇航出版社
·北京·

图书在版编目（CIP）数据

军用嵌入式计算机全生命周期可靠性设计保证技术 / 柴波著. -- 北京 : 中国宇航出版社，2018.3

ISBN 978-7-5159-1456-5

Ⅰ. ①军… Ⅱ. ①柴… Ⅲ. ①军用计算机－微型计算机－产品生命周期－可靠性设计 Ⅳ. ①E919②TP36

中国版本图书馆 CIP 数据核字（2018）第 048159 号

责任编辑　彭晨光

责任校对　祝延萍　　**封面设计**　宇星文化

出版发行　中国宇航出版社

社　址　北京市阜成路 8 号　**邮　编**　100830

(010)60286808　(010)68768548

经　销　新华书店

网　址　www.caphbook.com

发行部　(010)60286888　(010)68371900

(010)60286887　(010)60286804(传真)

零售店　读者服务部　(010)68371105

承　印　北京画中画印刷有限公司

版　次　2018 年 3 月第 1 版

2018 年 3 月第 1 次印刷

规　格　787×1092

开　本　1/16

印　张　11.75

字　数　286 千字

书　号　ISBN 978-7-5159-1456-5

定　价　98.00 元

《中国航天技术进展丛书》
编 委 会

总　序

中国航天事业创建60年来，走出了一条具有中国特色的发展之路，实现了空间技术、空间应用和空间科学三大领域的快速发展，取得了“两弹一星”、载人航天、月球探测、北斗导航、高分辨率对地观测等辉煌成就。航天科技工业作为我国科技创新的代表，是我国综合实力特别是高科技发展实力的集中体现，在我国经济建设和社会发展中发挥着重要作用。

作为我国航天科技工业发展的主导力量，中国航天科技集团公司不仅在航天工程研制方面取得了辉煌成就，也在航天技术研究方面取得了巨大进展，对推进我国由航天大国向航天强国迈进起到了积极作用。在中国航天事业创建60周年之际，为了全面展示航天技术研究成果，系统梳理航天技术发展脉络，迎接新形势下在理论、技术和工程方面的严峻挑战，中国航天科技集团公司组织技术专家，编写了《中国航天技术进展丛书》。

这套丛书是完整概括中国航天技术进展、具有自主知识产权的精品书系，全面覆盖中国航天科技工业体系所涉及的主体专业，包括总体技术、推进技术、导航制导与控制技术、计算机技术、电子与通信技术、遥感技术、材料与制造技术、环境工程、测试技术、空气动力学、航天医学以及其他航天技术。丛书具有以下作用：总结航天技术成果，形成具有系统性、创新性、前瞻性的航天技术文献体系；优化航天技术架构，强化航天学科融合，促进航天学术交流；引领航天技术发展，为航天型号工程提供技术支撑。

雄关漫道真如铁，而今迈步从头越。“十三五”期间，中国航天事业迎来了更多的发展机遇。这套切合航天工程需求、覆盖关键技术领域的丛书，是中国航天人对航天技术发展脉络的总结提炼，对学科前沿发展趋势的探索思考，体现了中国航天人不忘初心、不断前行的执着追求。期望广大航天科技人员积极参与丛书编写、切实推进丛书应用，使之在中国航天事业发展中发挥应有的作用。

雷凡培

2016年12月

序

高可靠抗恶劣环境的嵌入式计算机产品，一次性通过全要素、全流程严格控制，达到全任务剖面、全生命周期的应用而不出问题很难，50年如一日不断改进提高，坚持做好上述工作也很难，而50年如一日，将覆盖航天和其他军工的弹、箭、星、船、器等数百种型号任务的各种配套计算机产品做好更难。

航天七七一所的计算机产品之所以能够在艰苦的创业环境中诞生，能够在竞争激烈的市场环境下生存，并不断发展壮大形成品牌效应，在业内获得一致的良好口碑，与其50年来形成的企业文化和积淀的技术底蕴分不开，更与研制者严慎细实的工作作风分不开。

柴波同志多年来一直从事军用嵌入式计算机的软硬件设计开发和技术管理工作，积累了丰富的实践经验，尤其是对嵌入式计算机的可靠性设计和保证技术有独到的研究。在航天七七一所建所50周年之际，柴波同志把他在嵌入式计算机领域多年的研究心得进行总结，编写了这本书。从可靠性设计和保证角度全面介绍了军用嵌入式计算机的风险要素识别、设计关注要点、调试试验注意事项、故障诱发分析方法、技术质量问题归零分析方法、国产化保障问题处理以及延寿评估技术等，针对军用嵌入式计算机全生命周期形成了一套比较系统的可靠性设计保证技术体系。这本书是对其实践经验的总结，也是对其技术的凝炼和升华，可以为从事嵌入式计算机的研制人员提供实践指导，并且对军用嵌入式计算机的学术研究工作起到积极的推动作用。

2015年7月23日

前言

人生百态，只要一生平安、健康长寿就是人生最大的幸福。军用嵌入式计算机作为航天型号与武器装备系统的智能化核心设备，也像人生一样，有其特定的生命周期和健康要求。由于产品用途属性不同，其生命周期也有长有短，但不管生命周期长短，都必须健康，即质量稳定可靠。

嵌入式计算机的生命周期一般指的是设计寿命期限，即从产品出厂交付用户到完成任务使命之间的年限，而军用嵌入式计算机全生命周期指的是从产品的方案设计开始，包括交付前的设计、制造过程和达到设计寿命年限后所进行的延寿过程，最终到产品无法再使用时为止。人们期望所有计算机产品在设计寿命周期内功能、性能都正常，不发生任何质量问题，军用嵌入式计算机因其特殊使命更是如此。如何保证军用嵌入式计算机在设计、生产、调试试验、交付使用、维护和延寿等全生命周期内的质量，是军事装备的最高要求，也是从事该专业的技术人员终生奋斗的目标，本书期望能够系统地回答这些问题。

在30年的技术工作实践过程中，本人一直从事军用嵌入式计算机的设计应用、可靠性技术研究和科研生产组织与技术管理工作，与同行一起亲历了我国军用嵌入式计算机技术的发展过程，参与了军工领域同行院所技术难题的攻关分析等工作，实践了各种先进理论与方法，创新了与产品属性相适应的质量保证技术。经历了无数的辛酸艰难，收获了一个个成功的喜悦，见证了一次次辉煌的成就，积累了行之有效的宝贵经验，保证了产品质量始终处于领先水平，并且获得了用户的赞誉。把这些实践经验加以总结提炼，是对历史的纪念和成功经验的总结沉淀，以此献给同业者和后来者，哪怕能对各位有一点点启迪和帮助就是我最大的心愿。谨以此书献给我国军用嵌入式计算机发展历史上的领航者——航天七七一所，献给在军工领域从事相关专业技术研究的同事们。

感谢参与军用嵌入式计算机可靠性与贮存延寿等相关课题研究的同事们，也感谢为此书的编辑出版和保密审查而付出辛勤劳动的各位专家、同事和朋友。

柴　波

2015年7月1日

目　录

第1章　军用嵌入式计算机概述 …… 1

1.1　引言 …… 1

1.2　军用嵌入式计算机的分类与用途 …… 2

1.3　军用嵌入式计算机的发展历程 …… 2

1.3.1　标准化历程 …… 2

1.3.2　国产化历程 …… 6

1.4　在役型号军用嵌入式计算机面临的问题 …… 9

1.4.1　元器件停产断档问题 …… 9

1.4.2　核心器件禁运问题 …… 10

1.4.3　整机性能退化问题 …… 10

1.4.4　国产化替代问题 …… 10

1.4.5　寿命延长需求问题 …… 11

1.5　军用嵌入式计算机基本特征 …… 11

1.5.1　嵌入式特性 …… 11

1.5.2　器件依赖性 …… 11

1.5.3　软件支撑性 …… 12

1.5.4　环境适应性 …… 12

1.5.5　长期贮存性 …… 12

第2章　军用嵌入式计算机设计风险识别与控制 …… 14

2.1　军用嵌入式计算机的风险特征 …… 14

2.2　军用嵌入式计算机的风险类别构成 …… 16

2.3　军用嵌入式计算机设计风险的识别与控制 …… 17

2.3.1　设计风险的识别与控制基本要求 …… 17

2.3.2　设计风险的识别与控制基本方法 …… 17

2.3.3　不同设计风险层次的主要风险因素分析 …… 18
2.4　制造风险的识别与控制基本要求 …… 22
2.5　军用嵌入式计算机最典型的风险因素 …… 23
2.5.1　新技术新产品 …… 23
2.5.2　集成化散热能力 …… 24
2.5.3　国产元器件验证 …… 24
2.5.4　环境适应性验证 …… 24
2.6　关于 SOC 器件应用风险的应对措施 …… 25
2.6.1　SOC 特性分析 …… 25
2.6.2　SOC 应用的综合保证措施 …… 25
2.6.3　小结 …… 27
2.7　嵌入式计算机长期贮存的潜在风险分析 …… 27
2.7.1　目的和意义 …… 28
2.7.2　试验件状态信息 …… 28
2.7.3　试验件性能与环境适应性综合验证分析 …… 28
2.7.4　试验产品开盖工艺检查 …… 29
2.7.5　试验件产品印制板材及工艺分析 …… 30
2.7.6　试验件产品元器件性能参数变化分析 …… 30
2.7.7　综合分析结论 …… 31
第 3 章　可靠性设计保证技术 …… 32
3.1　军用嵌入式计算机的构成与设计内容 …… 33
3.1.1　军用嵌入式计算机的构成 …… 33
3.1.2　军用嵌入式计算机的设计内容 …… 33
3.2　不同研制阶段应重点考虑的问题 …… 33
3.2.1　方案（模样）阶段 …… 34
3.2.2　初样阶段 …… 35
3.2.3　正（试）样阶段 …… 35
3.2.4　定型批生产阶段 …… 35
3.3　军用嵌入式计算机的可靠性工程设计注意事项 …… 35
3.3.1　结构设计 …… 35
3.3.2　整机热设计 …… 38
3.3.3　电源设计 …… 38

3.3.4 逻辑设计 …… 40
3.3.5 可编程逻辑设计 …… 42
3.3.6 软件设计 …… 44
3.3.7 可测试性设计 …… 46
3.3.8 元器件选用设计 …… 48
3.3.9 工艺保障性设计 …… 51
3.3.10 电磁兼容性设计 …… 51
3.4 军用嵌入式计算机降额设计中应注意的问题 …… 53
3.4.1 型号产品降额设计的基本内容 …… 54
3.4.2 型号产品降额设计中存在的问题 …… 54
3.4.3 降额设计应注意的事项 …… 56
3.4.4 具体参数降额设计中应注意的问题 …… 58
3.5 弹载串行通信接口可靠性设计 …… 60
3.5.1 设计准则 …… 61
3.5.2 设计方法 …… 61
3.5.3 接口设计注意事项 …… 66
3.5.4 系统常见问题分析及处理 …… 67
3.6 塑封低等级器件在军用嵌入式计算机中的应用技术 …… 68
3.6.1 塑封器件的特性分析 …… 68
3.6.2 全生命周期中影响塑封器件寿命与可靠性的因素分析 …… 69
3.6.3 提高军用电子产品塑封器件贮存可靠性的保证措施 …… 70
3.6.4 小结 …… 72
3.7 电容选用可靠性问题 …… 72
3.7.1 电容器失效因素分析 …… 72
3.7.2 电容器选用设计及操作要求 …… 76
3.8 军用嵌入式计算机调试及试验注意事项 …… 76
3.8.1 控制测试设备状态 …… 77
3.8.2 固化测试项目 …… 78
3.8.3 规范测试记录 …… 79
3.8.4 改进调试工艺 …… 80
3.8.5 调试与试验过程控制 …… 80
3.8.6 完善试验方法 …… 83

3.8.7　电磁兼容试验中常见问题分析 …… 84
3.9　军用小型化国产计算机调试试验技术 …… 85
3.9.1　小型化产品的基本特点 …… 86
3.9.2　调试重点 …… 86
3.9.3　试验重点 …… 87
第 4 章　军用嵌入式计算机复核复算技术 …… 88
4.1　目的和适用范围 …… 88
4.2　规范性引用文件 …… 88
4.2.1　术语和定义 …… 88
4.2.2　复核复算的内容及时机 …… 89
4.2.3　复核复算内容方法及报告编写的基本要求 …… 89
4.2.4　复核复算会议资料的准备要求 …… 97
4.2.5　复核复算会议专家组成要求 …… 97
4.2.6　复核复算评审会的要求 …… 97
第 5 章　军用嵌入式计算机缺陷激发试验方法 …… 98
5.1　试验目的 …… 98
5.2　被试产品状态和数量要求 …… 98
5.3　试验项目和方法 …… 99
5.3.1　温度步进应力试验 …… 99
5.3.2　振动量级步进应力试验 …… 100
5.3.3　综合应力试验 …… 100
5.4　试验停止的基本要求 …… 101
5.5　试验数据的记录与处理要求 …… 101
5.6　故障判别准则和故障处理 …… 102
第 6 章　军用嵌入式计算机系统环境适应性模拟验证 …… 103
6.1　建设军用嵌入式计算机系统环境适应性模拟验证系统的必要性 …… 103
6.2　产品存在的系统环境适应性问题 …… 108
6.3　模拟环境系统方案构造 …… 109
6.4　系统模拟验证功能 …… 109
6.4.1　系统电源特性模拟 …… 110
6.4.2　系统总线特性模拟 …… 112

6.4.3 系统环境等效模拟 …… 112
6.5 系统模拟验证测试项目 …… 113
第7章 国产元器件替代验证技术 …… 114
7.1 国产元器件验证的必要性 …… 114
7.2 国产化替代元器件选用原则 …… 117
7.3 国产化替代验证项目 …… 117
7.4 国产化替代验证方法 …… 118
7.4.1 元器件级替代验证程序及方法 …… 118
7.4.2 整机级替代验证方法 …… 119
7.4.3 系统级替代验证 …… 119
7.5 验证结论确定 …… 119
第8章 军用嵌入式计算机技术质量问题归零技术 …… 120
8.1 质量问题发生的类型 …… 120
8.2 质量技术问题归零的效果 …… 120
8.3 归零的基础含义 …… 122
8.4 归零的科学性 …… 123
8.5 型号归零的方法要求 …… 124
8.5.1 技术归零 …… 124
8.5.2 管理归零 …… 126
8.6 技术归零报告的编写 …… 127
第9章 军用嵌入式计算机贮存维护技术 …… 129
9.1 军用嵌入式计算机产品贮存可靠性影响因素构造模型 …… 129
9.2 军用嵌入式计算机产品贮存维护技术 …… 131
9.3 导弹武器型号贮存过程中加电测试对计算机产品的影响分析 …… 133
9.3.1 常用元器件失效机理分析 …… 134
9.3.2 各类元器件的贮存退化趋势影响分析 …… 138
9.3.3 电应力对典型元器件失效模式产生的影响分析 …… 139
9.3.4 现有型号计算机产品贮存条件下加电间隔能力调查 …… 141
9.3.5 综合分析 …… 142
第10章 军用嵌入式计算机整修延寿技术 …… 144
10.1 整修技术 …… 144

10.1.1 整修方案 …… 144
10.1.2 整修工作实施 …… 146
10.1.3 整修试验考核 …… 147
10.2 延寿技术 …… 148
10.2.1 延寿方案 …… 148
10.2.2 延寿工作实施 …… 149
10.2.3 整修延寿数据记录 …… 152
10.2.4 整修延寿结果评定 …… 153
10.2.5 整修延寿工作总结评审 …… 153
10.3 加速寿命试验对产品功能性能的影响性分析 …… 153
10.3.1 对产品减振器性能的影响 …… 153
10.3.2 对产品外连接器的性能影响 …… 154
10.3.3 对光电耦合器性能的影响 …… 157
第 11 章 试验与测试强度对军用嵌入式计算机的寿命影响 …… 161
11.1 试验强度对整机产品的寿命影响 …… 161
11.1.1 元器件的测试筛选试验 …… 161
11.1.2 整机产品的温度循环试验 …… 162
11.1.3 整机产品的振动试验 …… 163
11.2 测试强度对整机特殊器件寿命的影响 …… 165
11.2.1 擦写次数有限制的存储器寿命影响 …… 166
11.2.2 电磁继电器寿命的影响 …… 167
11.2.3 特殊接口器件寿命的影响 …… 167
11.2.4 特制灌封模块寿命的影响 …… 168
11.3 接插件对整机产品寿命的影响 …… 169
11.4 X 光照射及强磁环境对计算机产品功能、性能的影响 …… 169
11.5 综合影响分析 …… 170
参考文献 …… 171
后　记 …… 172

第 1 章　军用嵌入式计算机概述

1.1　引言

航天及军用嵌入式计算机技术历来是各个航天大国重点研究的一个战略领域。在美国国防科技战略中，信息技术及其应用是三大核心战略之一，而作为信息技术的核心之一就是计算机技术。美国国防部迄今为止发布的几次关键技术计划清单中，计算机技术都处于极其重要的地位。

随着我国国防工业新体系建设的不断深入，在航天型号与武器装备的产品配套中，作为信息化、智能控制和精确制导的核心产品，计算机和微电子产品的应用越来越普遍，是各分系统的关键单机产品。计算机与微电子技术及其产品的发展直接决定着航天型号与武器装备系统性能的先进性，作为关键单机产品，其对系统可靠性与寿命的影响起着非常关键的决定作用。

现阶段，由于半导体工艺技术的发展与元器件质量可靠性的提高，以及采用了先进的设计工具进行嵌入式计算机的各项设计，使得计算机产品的质量与可靠性相比早期型号配套的计算机产品有了大幅提升，但是，无论如何，随着使用年限的久远，这些产品都面临着性能退化与寿命预期评估问题。由于早期设计的计算机产品寿命一般为 10 年左右，随着在役型号服役期的不断持续，其配套的计算机产品设计寿命陆续到期，目前更迫切地面临着如何维修保障、如何延长使用寿命和如何预计可使用寿命的需求问题。

本书将重点从军用嵌入式计算机全生命周期中与产品质量和可靠性寿命相关的所有要素的角度出发，对涉及产品质量与可靠性寿命的设计、生产调试、试验、贮存和使用中的全过程保证技术进行综合论述和探讨。主要内容包括设计制造的风险识别与控制技术、可靠性设计保证技术、质量问题归零分析技术、缺陷激发技术、环境适应性模拟验证技术、贮存维护技术、整修延寿技术和寿命评价技术，以及国产化保障技术等方面，期望以此初步建立较完整的军用嵌入式计算机全生命周期可靠性设计与保证技术体系，为在役和在研的军用嵌入式计算机产品可靠性寿命设计与评估提供参考，为提升军用嵌入式计算机的固有可靠性、延长使用寿命提供基础保证。

随着新中国的成立，早期的武器装备绝大多数为缴获或从苏联进口，先进武器主要是飞机和军舰，我国开展“两弹一星”工程研制后，才真正开始了军用嵌入式计算机的研制。国家为了“两弹一星”工程的配套研制，于 1965 年 10 月成立了专门的研究所，即现在的中国航天科技集团公司第九研究院第七七一研究所的前身，开始了我国军用嵌入式计算机与微电子技术与产品的研发。50多年来，以航天系统为代表的军用嵌入式计算机技术迅猛发展，尤其是近10年，航天科技与航天科工两大集团的各总体院基本都成立了自己的计算机研究所或研究室，使我国军用嵌入式计算机技术的发展出现了既互相竞争又相互促进的发展模式。以七七一所为代表的军用嵌入式计算机产品研制专业研究所的发展，由于专业配套齐全、历史久远、任务众多、经验丰富，不但保证了我国军用嵌入式计算机技术不断发展提高，而且也代表了我国军用嵌入式计算机技术的技术水平与发展方向，它的发展历程完全可以代表我国军用嵌入式计算机水平的发展历程，本书的论述将以此为基础。

1.2　军用嵌入式计算机的分类与用途

在航天型号与武器装备领域，计算机产品按照产品用途属性可以分为用于卫星、飞船、导弹、火箭等的空间计算机和地面特种计算机，以及小型化高度集成的嵌入式系统级封装（SiP）计算机模块。这些计算机所采用的集成电路包括混合集成电路和半导体集成电路。

星、船载计算机主要用于卫星、飞船等空间飞行器的星务综合管理、信息测量、载荷控制和信息存储等。其产品具有冗余冷备份和抗辐照、长寿命的特点。

弹、箭载计算机主要用于导弹和火箭的制导控制、导航控制、导引头目标识别、多信息融合、信息采集与遥测控制，以及舵机和发动机综合控制等。其产品要求具有冗余并行、高速实时、高可靠以及长期贮存的能力。

地面特种计算机主要用于导弹或火箭的测试和发射控制、军舰与导弹火箭发射车综合控制、弹道诸元计算与弹道航迹规划、指挥通信、系统网络控制等，要求能够抗恶劣环境、长期贮存、高速处理并且具有良好的人机交互能力，操作系统能跟随技术发展潮流。

SiP计算机模块作为计算机、混合集成电路和半导体集成电路三个专业结合的系统集成新产品，具有体积小、耐高低温、抗辐照、高功能密度等特点，是军用嵌入式计算机最小系统的一种形式，可应用于星船载、弹箭载和地面综合电子产品中对体积和重量要求十分严格的系统，其系统集成能力必须依靠混合集成工艺才能实现。

1.3　军用嵌入式计算机的发展历程

我国军用嵌入式计算机的发展历程具有非常明显的历史阶段特征，它与同阶段的工业技术基础和原材料、元器件的工艺水平紧密相关，也与当时的相关政策有关。可以通过两个技术特征得到体现，那就是标准化与国产化。

1.3.1　标准化历程

（1）首部部标的诞生

在嵌入式计算机研制初期，第一台计算机产品是带有边缘接触插板式的样机，是专为实验室提供的试验产品，根本谈不上环境适应性要求。在后来战略导弹计算机的研制中，板间所采用的是导线互连的专用连接方式，就像翻书一样，因此简称书页式。无论印制件，还是结构尺寸都属于一种专用设计，无标准化可言。

1983 年，军用嵌入式计算机的先驱者——七七一所便开始了 LS－83、LS－84 等研制任务。当时个人计算机产品已经开始流行，为了在技术上逐步与国际接轨，不管硬件设计还是软件操作系统的应用，都开始借鉴规范化的设计思想。其中，LS－83 通用微机系统在硬件设计规范上基本做到了与国际接轨，并将一些新的设计思想带到型号产品设计中。尤其是 LS－84 微型计算机系统研制成功后，及时将以 96 线接插件为基础的多总线技术运用到弹载计算机设计中，并大胆地将带接插件的机箱和印制件的设计思想引入到空间应用，形成了航天系统的 796 总线标准。1985 年，航天部将七七一所制定的《微处理机系统总线Ⅰ》（796 总线）上升为部级规范，1997 年又将该所的《弹（箭）载计算机设计规范》（QJ 2957—97）上升为部级规范，成功地应用于后来的各型号计算机产品。

（2）系列机加件标准的制定

“九五”期间，我国开始了 32 位文档微机的研制，在参考了公开的 MultiBUS－Ⅱ标准的同时，积极分类规划我国的系列标准，当时一大批年轻人在这项研制任务中得到了锻炼成长。

为了更好地贯彻军用嵌入式计算机的结构设计规范，以七七一所为代表的各研制单位，及时地总结了有关设计经验。1985 年开展了相关结构部件、零件的标准化工作，先后形成了印制板标准件、紧固件标准件、机箱标准件、螺钉标准件等标准文件，并按此指导设计生产。为了更好地配合批生产，还专门为一些标准件制造了工装模具，极大地促进了当时科研生产的发展和进步。在此期间，又形成了有关阻尼散热三合一印制件的生产工艺规范，解决了单板产品的散热与抗振问题，并申请了专利，如图 1－1 所示。

图 1－1　阻尼散热三合一印制件专利应用

（3）标准化系列机箱产品的形成

在 20 世纪 80 年代的型号研制过程中，根据任务所给定空间的大小以及战略、战术武器型号的特殊要求，各单位在产品的结构形式和总线连接方式上投入了大量的研制力量，基本上形成了两大系列产品。

①符合 ATR 标准的双 96 线印制板标准产品

在七七一所，以大型运载火箭计算机为基本型所形成的标准化计算机系列产品，其机箱为拼装式插板结构，内总线基本上都采用我国军用嵌入式计算机的微型计算机内总线标准。双 96 线印制件尺寸为 240 mm×160 mm，机箱尺寸基本符合 ATR 标准。按此规范研制了导弹武器、运载火箭、神舟飞船以及卫星系列等计算机产品。

②专用框架插板式结构标准产品

从 1970 年开始，随着固体发动机的应用，面对嵌入式计算机环境条件相对恶劣而可靠性要求高的特点，所开发的计算机结构及印制件是属于较小尺寸的框架插板式结构。该产品在印制件之间将采用导线软连接形成的书页式结构改为采用 BUS 总线的底板式框架结构，即将软线连接改为单 96 线接插件连接，采用水平插装方式，便于拆卸维修，后续小型战术导弹武器型号产品中大多采用了这种模式。随着战术导弹武器型号大量采用高速数字信号处理器（DSP），板间互联信号增多，处理速度加快，框架插板式结构标准的产品得到改进和发展，即将单 96 线接插件改为双 96 线接插件。而后随着产品的进一步小型化，又形成了板间连接器接插模式，如图 1－2 所示，这些都分别形成了军用嵌入式计算机专用的系列规范标准。

图 1－2　专用框架板间连接结构产品

由于继承性和标准化设计大大缩短了研制周期，为系统及时提供了可用产品，对加快我国导弹武器系统研制工作做出了较为突出的贡献。

（4）标准星务管理计算机的诞生

从 1996 年至今，航天系统相继研制出了多种型号的小卫星，其中的星载计算机已经历多颗卫星的飞行验证，还有多颗在轨运行。由于设计团队追求标准化研制思路，力争在不同的小卫星中使用资源配置、功能组成基本一致的计算机产品，经过与系统的协调确认，在力争使接口及功能达到一致的情况下，从机箱到印制件等环节形成规范，研制了可配置的标准化小卫星星载计算机。设计形成的首款基本型产品命名为“XWZJ 星务主机”，于 2005 年已经通过了某卫星总体单位组织的设计鉴定。在研的星载计算机均按统一机型设计生产，突出了标准化的优越性。

（5）软件产品的标准化

软件是计算机产品的重要组成部分，在计算机产品的研制和标准化过程中，软件的标准化工作也取得了很大进步。统一军用嵌入式计算机的软件设计流程和方法，并把计算机的监控软件、操作系统、测试软件规范化与标准化，这一直是以七七一所为代表的军用嵌入式计算机团队追求的目标，在发展过程中基本形成了两个系列的软件标准。

①×86 系列计算机软件

按×86 处理器芯片设计的计算机监控软件，是较早为军用嵌入式计算机开发和应用的软件。该监控软件已形成标准，可以兼容 DOS 操作系统的主要功能，能够较顺利地移植到多种型号计算机上使用，为计算机在硬件调试、单元测试、故障查找和定位，以及用户在线开发应用软件发挥了重大作用，同时为计算机在用户使用中快速开展软件调试和应用开发起到了桥梁作用，得到了广泛的好评。

②DSP 类计算机软件

从 1986 年开始，按照型号需求将高速数字信号处理器（DSP）引入弹载计算机设计中。如何使用 DSP 更好地进行现场调试和开发，给用户提供一个更好而且更方便的应用环境是必须解决的首要问题，设计团队在航天领域率先开发了与之配套的主流系列 DSP 监控软件。随着型号的不断发展，新的 DSP 类产品大量使用，在已有监控软件的基础上又开发了新型系列 DSP 监控软件。

在系列化、标准化监控软件的基础上，遵循继承性的原则，已经开发了不同型号系列产品的系列化单元测试软件。由于这些产品硬件接口、模板的标准化，使得软件标准化更加容易，且成熟度高、测试覆盖性全，所体现出来的质量特性与经济效益十分明显，也为提升产品质量奠定了基础。

（6）接口电路的标准化

随着弹载计算机电路标准化设计任务的开展以及对系统的初步综合了解，设计团队不仅在弹载计算机体系结构、机箱模板、逻辑模块、软件等标准化方面具有自己的特色，而且在与弹载计算机功能配套的接口电路方面进行了专用化、标准化设计，形成了比较通用的系列接口标准电路，如光电转换接口、长线驱动器（KG24、KG25）、平台加速度专用接口电路（7708 系列电路），以及各种处理器最小系统、数模和模数转换接口、总线通信接口电路等。

（7）地面加固计算机标准化工作

满足军用领域的地面加固计算机的研制需求首先从七七一所开始。1986—1988 年研制了国际上第一台与当时 PC－XT 完全兼容的一次加固型计算机，定名为 LS－PC－MXT 加固型计算机。在世界上还没人想到会用个人台式电脑的设计思想进行军用兼容加固尝试时，七七一所就开展了这项研究工作，定义了 96 线接插件的 ISA 总线标准，设计了 CPU

板和多种 I/O 接口板，将加固计算机与操作系统首次应用到型号的系统测试中。LS - PC - MXT 加固型计算机与七七一所于 1992 年在国内首次研制成功的 PC - AT（完全兼容 LS - PC - MXT）加固型计算机，先后通过了部级鉴定并获得部级科技成果奖。在此基础上形成的 96 线 ISA 标准，后来成为七七一所加固计算机有关插板的最成熟的设计依据。

（8）个人计算机产品的尝试

16 位高档微型计算机系统 LS - 84 是七七一所于 1985 年研制成功的一款当时中国最高档次的微机系统，曾被美国国防部称为中国建国后计算机界重大里程碑事件之一。七七一所从 1982 年开始跟踪世界高档微机的研制和开发信息，于 1984 年正式启动研制我国高档 16 位微机系统。该机与齐洛格（ZiLog）公司的 Z8000 完全兼容，它在后来七七一所型号研制的标准化设计上却起到了样板和引路的作用。以此机为借鉴，开展的航天微机的内总线标准化工作，开创了接插件连接方式可以上弹飞行的先河，进行了创新型兼容 UNIX 操作系统的开发工作。1985 年，第一台样机和操作系统研制成功并通过国防科工委组织的技术鉴定，先后被国防科工委评定为一等奖一项、二等奖一项。该系统相继投产多套，用于我国相关国防单位，在当时发挥了重要的作用。

（9）标准逻辑图形符号库的建立

从 1990 年开始，七七一所首先就印制板 PCB 设计符合标准化问题进行了开发性的推广工作，先后制定了计算机元器件设计图符规范，对无图符的器件由 CAD 设计组进行建库，并先后按照国家标准和国际标准制定了两套图符标准库，设计人员为此付出了辛勤的劳动，建立了图符单元库，补充、扩展了国产和所产元器件符号库，为七七一所 PCB 的 EDA 设计创造了条件，并为日后加快 PCB 布线和缩短新品的研制周期打下了良好的基础。

1.3.2 国产化历程

（1）国产化的发展历史

为了发展“两弹一星”工程，经中央专委批准，专门成立了七七一所。该所是国家上级部门确定的军用半导体集成电路、军用混合集成电路和军用嵌入式计算机技术研究、设计与试验的重点单位。50 多年来，七七一所承担了我国导弹、火箭、卫星和飞船等型号大量计算机的研制任务，该所的国产化经历基本上反映和代表了我国航天型号与武器装备计算机元器件国产化的真实历程。其国产化道路的奋斗历程可以大概归纳为三个阶段。

第一阶段为 1965—1985 年间，此阶段为满怀激情的艰苦创业阶段，包括“两弹一星”在内的所有计算机产品均立足于国内选用元器件。

第二阶段为 1986—2005 年间，此阶段主要为开放学习、全面发展与觉醒阶段。由于 20 世纪 80 年代国际个人计算机技术的发展和普及，高校培养学生更多转向了以 80×86 处理器和高级语言编程为对象的教学，新的高校毕业生大量走向航天岗位。加之，国家开放政策导向缺少安全保护决策，为了适应市场要求，型号计算机按照用户新需求集中转向了以进口×86 和 DSP 为应用对象，配套采用进口外围电路，软件设计采用高级语言编程，开发环境依赖进口工具等，从而导致全面转向以进口为主，型号计算机国产化率均不高于

45%。到了 2000 年左右，大量进口器件开始升级换代和停产禁运，军用嵌入式计算机所使用的元器件保障工作受到严重威胁，促使我们逐步认识到核心器件依赖进口对装备保障的危险性，从历史责任出发，该所开始自行投入资金并调整研发方向，逐步转向了核心元器件的国产化研制。

第三阶段为 2005 年到现在，这 10 多年为全国产化的奋起直追阶段。随着核心器件自主可控的迫切性越来越强烈，元器件厂家、整机研制单位和系统总体以及国家相关部委均开始重视国产化工作，推行了一系列促进国产化研制与应用的政策措施，使得各级研制人员认识得到统一，意识开始转变，措施得以逐步实施，型号总体国产化需求开始明确化、政策化。在这样的背景下，七七一所加快了核心元器件国产化研制、验证与应用的步伐，研制了系列片上系统（SOC）、SiP 和总线控制器等，如图 1－3 所示，并主动在型号计算机中验证和应用。2011 年研制出我国第一台国产新型弹载计算机，其元器件所产化率达到 45%，国内各知名厂家的器件都有应用，使得国产化水平达到 100%，在国内处于领先地位。目前，一些老型号产品通过替代方式可以使国产化率提升到 70%以上，大多数新研任务可以实现 90%以上的国产化率，许多典型的 100%国产化高性能计算机已经飞试成功。

军用嵌入式计算机的国产化经历了非常曲折的发展历程，也取得了辉煌的成绩。其国产化趋势如图 1－4 所示。

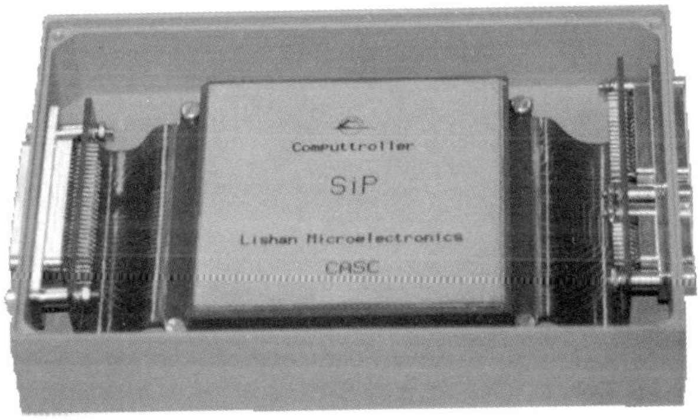

图 1－3　我国第一台弹载 SiP 国产模块计算机

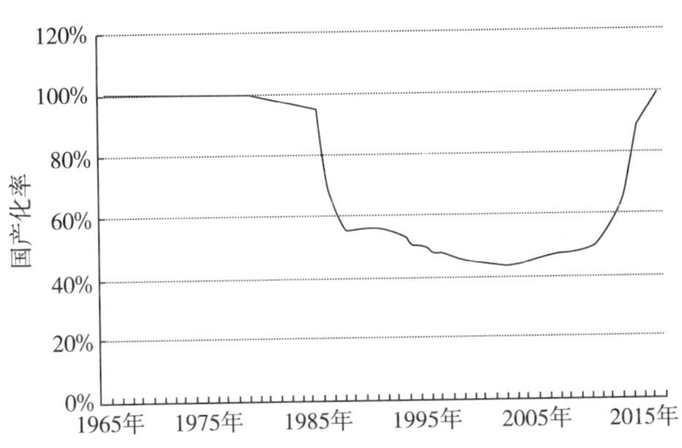

图 1－4　军用嵌入式计算机国产化趋势图

（2）国产化趋势需求与问题

根据航天型号与武器装备的技术发展需求趋势分析，其综合电子系统都向着高性能、小型化、低功耗、高可靠的方向发展。未来发展需求与趋势概括起来就是“四化”，即系统功能集成化、集成产品模块化、模块产品芯片化、芯片产品国产化。

目前，以军用嵌入式计算机为代表的综合电子产品国产化的发展仍受到诸多因素的影响，主要问题是：

1）完整的设计、分析工具等手段和标准都在兼容或沿用国外的，设计理念缺乏创新，缺少知识产权；

2）由于国产化元器件可选用品种少、成熟度低，关键核心元器件还依赖进口，产品国产化程度普遍较低，停产禁运带来的国家安全风险性依然很大；

3）军用高可靠微电子产品现行的数字化先进制造工艺技术与实际需求的差距还很大，大批量生产需求与经验不足。

与此同时，武器发展的模式需求变化快，控制系统的集中式与总线体制及系统集成的发展方向已经使传统的研制方法发生改变。在役装备的核心进口元器件的停产禁运为维修保障带来了风险。由于民参军新政策实施、研制体制、任务配套属性、利益的驱使，导致市场竞争更加激烈和不公，某种程度上制约了新技术的推广应用。这些问题都会影响到装备国产化目标的快速实现。

（3）国产化的目标、对策与成就

针对上述计算机与微电子产品的“四化”发展需求，应通过计算机、混合集成电路、半导体集成电路三个专业有机融合，加强整机与电路、设计与工艺、半导体集成电路与混合集成电路的结合，加速保障条件的建设完善，建立健全设计、仿真、试验、评估、制造、可靠性保障等体系，重点推进国产元器件的应用验证技术研究，促进核心器件、核心IP、SOC、SiP 等技术的研发与应用推广，努力实现航天嵌入式计算机系统产品核心元器件 90%以上的国产化。具体采取的技术策略是：

1）对于已经定型的产品，选用已完成鉴定和验证的国产元器件，通过全面系统验证后在原计算机中进行插拔替代；对目前没有国产化可插拔替代器件的，开展自主研发、封装和验证。

2）对于在研产品研制，根据任务要求，研制初期需综合考虑产品体积大小、使用环境和研制进度等因素，开展国产化综合论证，并结合国内外元器件的研制水平，优先选用国产元器件。

3）对于新研项目和小型化要求高的产品，采用国产 SOC、SiP 和多芯片模块（MCM）的集成方案，提高国产化率。

按照以上策略，七七一所通过多年的努力，已经取得了可喜的成绩，主要表现在以下 4 个方面：

1）已经研制成功了星载抗辐照 SiP 计算机模块、弹载千亿次高速解算 SiP 计算机模块、四模冗余箭载嵌入式计算机、智能数据管理的 4 Tbit FLASH 型星载大容量固态存储器、工程化应用的抗辐照 10 Mbit 1553 总线控制器、国产新型弹载计算机。目前，典型弹载计算机国产化率达 95%，部分产品国产化率达 100%。

2）成功研制了一系列具有自主知识产权的处理器、SOC 和 SiP 模块等，满足航天与武器型号不同的功能、性能需求。

3）开发了一系列新的符合未来发展需求的半导体集成电路工艺技术，为实现军用嵌入式计算机的小型化、高可靠和全国产化自主可控奠定了基础。

4）通过大量试验验证与应用实践，已形成了国产元器件功能性能认证与环境适应性验证的系列规范和方法，为有效解决国产元器件应用过程中所出现的各类问题、加速提升国产元器件成熟度、保证整机电子产品的可靠性寿命创造了条件。

在国产化道路上已经形成的这些新技术、新工艺将成为未来型号产品的核心技术，并影响着武器系统的性能和先进性，为未来航天型号与武器系统实现系统集成、功能扩展、性能提升和国产化自主保障奠定了坚实基础。

1.4　在役型号军用嵌入式计算机面临的问题

我国早期研制的战略武器型号和后来研制的大量战术武器型号，其服役期已经超过设计寿命 8 年的期限。而按照早期计算机产品的设计寿命一般为 10 年（含 2 年周转）左右，这些武器服役过程中大量贮存在库房备用，在超出设计寿命后，由于不能直接报废或淘汰，如何对这些武器型号计算机产品进行整修和延寿，降低武器采购费用，已经成为各兵种面临的迫切问题。这些产品要开展整修和延寿，所面临的主要问题是元器件停产断档、禁运和器件性能退化问题，也面临着国产器件的可替代问题和整机寿命如何延长问题。这也就是武器型号研制和应用所要解决的现实问题。

1.4.1　元器件停产断档问题

元器件停产断档问题主要是对进口元器件而言的。造成进口元器件停产断档的原因主要包括以下原因：

1）元器件工艺技术发展迅猛，按照摩尔定律几乎每 18 个月就会出现新一代产品，其芯片性能和集成度不断提高，导致旧型号规格的元器件淘汰加快；

2）新型元器件的出现导致旧型元器件的需求下降，生产成本增加，厂家为了利益最大化，不断淘汰旧的生产线，使老旧元器件无货可供；

3）由于环保意识加强、工艺改进，一些材料性能改进，使一些原来含有毒或有害物质（含铅）的材料的使用受到限制，不得不停产。

由于以上原因使得原来依靠进口元器件的计算机产品在维修保障中没有元器件货源可以替代。目前，可以解决的办法就是根据停产信息同期储备一定数量的元器件，以备更换，但这就带来了成本的无限积压，给工业部门造成了不必要的经济损失。因此，需要我们加强对在役型号产品的维护技术研究，尽可能减少产品出现故障时维修对断档器件的需求，进而降低库存储备和成本压力。

1.4.2 核心器件禁运问题

禁运问题指的是美国等西方国家，为了实施对我国航天和国防科技工业技术的封锁和制约，对一些计算机和电子产品所采用的高性能处理器、存储器、转换器等核心器件的管制和出口限制。

早期研制的型号计算机产品由于采用了不少进口元器件，虽然目前这些元器件没有停产断档，但由于原产国出口限制导致无法采购。当武器型号计算机需要维修更换器件时无元器件货源可替代，有些型号不得已采用从备份件上拆卸相应元器件进行替代维修，使型号产品的长期保障能力受到限制，这也是核心器件依赖进口所带来的必然结果。因此，如何保养产品，如何对核心器件进行维护，尽量减少禁运核心器件的更换频次是产品延寿技术的直接目标。

1.4.3 整机性能退化问题

军用嵌入式计算机是依据功能和性能指标要求，按照一定的体系结构并选择符合功能和性能指标要求的不同规格型号元器件进行组合设计而成。其保证性能指标的核心要素是元器件。由于受到元器件封装材料特性、工艺水平和计算机制造工艺技术水平等因素的制约，在计算机产品长期贮存环境影响下，元器件会一直受到温度应力变化、潮气的侵蚀、盐雾等有害气体的腐蚀以及运输振动等机械应力冲击的影响，使元器件内部芯片性能及芯片粘接、压焊点工艺状态等发生变化，导致元器件性能参数漂移甚至功能失效，进而使产品在年度例行检查测试中出现异常而需要维修更换，这就对可替代元器件的提供和保障带来了压力。随着贮存时间的不断累积，大多数元器件性能都会出现不同程度的变化，当这种变化超出逻辑组合设计中的约束和容差裕度范围，计算机的功能将出现异常，这种异常达到不可维修的程度将意味着计算机的寿命到期，因此如何减缓整机性能退化问题是产品延寿技术研究的关键内容。

1.4.4 国产化替代问题

在计算机产品维修过程中，一旦故障定位于元器件，一般采取的措施是直接替代该故障元器件，然后进行相应的试验验证与考核即可继续使用。一般情况下，用于替代的元器件选择理论上有以下几种方案：

1）直接选用进口原型号规格元器件进行替代；

2）选择国外兼容的其他厂家元器件进行替代；

3）选择国内同规格元器件进行替代。

但根据目前的现状，由于国外早期的元器件已经停产，或者功能性能升级，或者封装形式发生改变，存在着无法直接替代的问题。同时，由于国内研制的器件规格型号与品种有限，可以直接替代的品种无货，可能导致产品维修更换受阻。如果更改设计使用新元器件代替，会面临与原状态不一致的问题，同时面临需要进行单机验证与系统验证等一系列问题，造成代价无法承受，故这种方法是行不通的。因此，研究元器件的替代与验证技术对于延长整机产品寿命至关重要。

1.4.5　寿命延长需求问题

延长产品使用寿命一般简称为延寿。型号计算机产品一般从生产交付系统总装到交付部队使用有 2 年的周转期，早期研制的产品交付部队时设计使用寿命只有 8～10 年，当设计寿命即将到期时，使用部队会面临一个问题，即设计寿命到期后这些武器系统能否继续使用、或者将如何处置的抉择，继续使用会存在质量与安全隐患，直接淘汰则会造成国家财产的巨大浪费，同时还必须有新的武器可供使用。

根据目前多个型号的实际情况来看，虽然已经到了设计寿命末期，但武器系统的性能绝大多数依然稳定可靠，这是由产品的原始可靠性设计基础决定的，不是说一达到期限就立即瘫痪而无法使用。面对这种局面，国外和国内各军兵种几乎都会选择对即将到达设计寿命末期的产品开展阶段性整修和寿命延长工作，以期最大限度地延长这些武器的使用寿命，节约军费开支。

对于武器型号计算机产品如何整修、如何开展寿命延长工作，是一个新的技术领域和新的迫切需求，需要我们进行系统化的技术研究和方法实践验证，这种研究的成果也可直接应用于新研发的产品，对进一步提高新产品的设计寿命意义重大。因此，开展军用嵌入式计算机可靠性设计与贮存延寿技术研究非常有必要。

1.5　军用嵌入式计算机基本特征

军用嵌入式计算机不同于一般的个人计算机和工业用控制计算机，具有一些典型的特性，如它的功能定制性、嵌入式特性、器件依赖性、软件支撑性、环境适应性以及长期贮存性等。只有了解和掌握了这些特征，才能根据这些特性分别采取对应的措施，更好地进行可靠性设计，也才能使军用嵌入式计算机产品具有较长的使用寿命。

1.5.1　嵌入式特性

应用在航天型号与武器装备中的嵌入式计算机统称为军用嵌入式计算机。嵌入式计算机是相对于个人计算机和大型计算机的，其主要特点就是没有可直接操作的人机交互接口，没有磁盘、打印机等外设，属于功能定制产品，随系统具有专用性、特殊外形与安装固定要求、密封性和对外信号连接等特殊规定，使用环境比较恶劣，一般都是所属系统的核心设备。

1.5.2　器件依赖性

任何一个嵌入式计算机，都是由具有特定功能的一组元器件按照设计要求进行逻辑组合，并按照一定的结构进行组装而成，这些具有特定功能、性能的逻辑组合体在特定软件的支持下，可以实现规定的控制任务，但军用嵌入式计算机由于其使用环境恶劣，需要长期贮存，同时要求质量可靠，一般使用中绝对不允许出现故障。因此，军用嵌入式计算机对元器件的依赖性很高，即要求所使用的元器件应具有很宽的温度适应范围，具有良好的热承受能力、散热能力以及密封防潮气入侵能力，制造过程必须经过军标线（国军标生产线的简称）严格的控制与可靠性筛选，一般具有较高的质量等级要求，有的甚至要求具有抗辐射能力等。只有这样，整机的功能、性能才能具有更高的稳定性、可靠性和长期贮存性，因此，元器件的性能稳定性是军用嵌入式计算机长期贮存后能否可靠使用的关键因素。

1.5.3　软件支撑性

军用嵌入式计算机为功能定制产品，具有专用性，即它的功能、性能都是根据系统控制功能与任务需求而提出的。由于其安装的空间特殊，都是和系统配套的其他设备一起安装在特定位置并通过电缆与其他设备连接，一般没有外部设备用于直接的人机交互与操作，其控制功能是通过硬件与软件协调配合共同完成，当硬件逻辑组合设计完成后，能否完成最终控制任务，完全依靠软件编程来实现。因此，军用嵌入式计算机对软件的依赖性很强，但软件是一组指令代码，指令代码的规模取决于其控制任务的多少和复杂度，运行的载体是硬件逻辑环境，代码不会因为贮存时间的长短而改变。因此，产品的贮存寿命应与软件本身无关，但要研究产品贮存对功能、性能的影响，必须依靠测试软件配合才能进行。

1.5.4　环境适应性

军用嵌入式计算机主要用于导弹、火箭、卫星、飞船、飞机、军舰、坦克和装甲车等系统。由于要长期经受机动过载、高低温冲击、盐雾侵蚀，以及有害气体污染与水汽附着等恶劣环境影响，这些恶劣环境长期作用会在产品的表面、连接器接触、机箱缝隙屏蔽、印制线和元器件管脚、导线及焊点等处产生一定的物理与化学反应，使产品信号间的绝缘阻抗降低、漏电流增大、器件反应速度发生变化，整机抗电磁屏蔽能力减弱，最终导致产品性能指标发生变化甚至功能异常。而产品环境适应性主要取决于产品生产过程中所采用的工艺技术是否成熟可靠，所选用的材料是否性能稳定。因此，研究产品的贮存寿命，必须研究产品实现的工艺技术及材料对产品性能影响的规律性。

1.5.5　长期贮存性

一般军用嵌入式计算机从出厂交付总体，到总体完成武器装备系统组装、测试考核并交付部队使用的期限为 2 年左右。而武器装备交付部队后一般不可能立即使用并消耗掉，都必须贮存在库房中备用。即使已装备到军舰、潜艇等系统中的武器装备，一直处于战备值班中，也不可能立即打掉，而是要随系统长期工作或备用。在此过程中，武器装备以及配套这些装备的军用嵌入式计算机要经受各种恶劣环境的考验，如机动过载、高低温冲击、盐雾侵蚀以及有害气体污染与水汽附着等。这样的环境贮存条件，按照产品设计寿命要求一般为 10 年左右，因此为了满足 10 年的贮存寿命这个条件，产品在制造过程中采取了一系列工艺可靠性措施，但这些措施能否保证 10 年的设计有效期，以及 10 年有效期满后还能维持多长时间继续有效等，都是贮存寿命技术研究所要探讨的内容。

由于军用嵌入式计算机具有的深嵌入式特性、对器件的依赖性、需要软件的支撑性、更强的环境适应性和长期贮存保障性，这些特性都直接或间接地与产品的贮存寿命有关，都直接决定着产品的质量水平，影响着产品使用寿命的长短。因此，这就要求军用嵌入式计算机在设计阶段就必须提前综合考虑这些特性与寿命要求，在遵循军用嵌入式计算机设计、制造、试验考核通用规范的基础上，采取针对性的设计、工艺与可靠性技术措施。这些技术措施来源于产品设计、制造和试验考核过程中经验的积累，来源于对出现的各种技术质量问题进行深层次分析并采取纠正措施的验证结果。只有充分发挥专业研究的优势，系统归纳和提炼长期的研制经验，将成熟可靠的技术与工艺应用于产品研制过程，提高产品的设计寿命基础，尽可能提高原始寿命，才有可能通过简单的整修与延寿措施，使产品的使用寿命得到最大可能的延长，以此保证武器装备使用寿命的延长。

第2章 军用嵌入式计算机设计风险识别与控制

任何导致非预期结果出现的可能性都可称为风险。军用嵌入式计算机是一种非常特殊的产品，研制生产过程考虑不周会出现研制过程反复，导致研制周期延误和经费损失，使用过程中出现任何非预期结果都可能造成灾难性后果，不但会造成巨大的经济损失，甚至会出现人员生命安全问题，因此，如何做好军用嵌入式计算机设计生产过程中的风险识别与控制，对确保一次成功、降低成本和提高计算机产品可靠性非常关键。

2.1 军用嵌入式计算机的风险特征

军用嵌入式计算机具有风险的普遍性与可评估预防性，即军用嵌入式计算机与任何高科技产品研发一样都存在技术、市场、资金和使用可靠性等方面的风险。同时，这些风险表现形式不同，一般可以通过事先分析、验证后采取有针对性的措施进行预防，或将风险发生的概率降到最低。

军用嵌入式计算机是航天型号与武器装备的核心设备，由于其特殊的用途而具有非常特殊的特征：

1）航天型号与武器装备是最为复杂的系统工程，要实现复杂的功能，其配套的产品都具有高新技术特征，而高新技术一般具有高风险性；

2）军用嵌入式计算机是航天型号与武器装备各大系统的核心设备，该产品的风险度对全系统的成败影响属于最高级别；

3）军用嵌入式计算机技术的先进性对航天型号与武器装备的性能具有决定性；

4）军用嵌入式计算机功能和性能的复杂度决定了其设计难度、可靠性和技术风险性大小。

军用嵌入式计算机产品设计所涉及的基础专业非常复杂，一般分为硬件、软件、结构、电源和工艺及可靠性等部分。其中，硬件可以简单概括为“Computer＝System＋IC＋Packaging”，即计算机硬件由系统结构、半导体集成电路与机箱组成；而软件一般包括底层驱动、软件中间件、操作系统及应用程序。

任何一种军用嵌入式计算机的研制需要一个完整的研制体系（如图2-1所示）和通用配套的研制流程（如图2-2所示），并需要经过一定时间周期才能完成。就其研制体系而言，每一个环节和要素都可能存在风险，虽然每个风险表现形式不同，但导致的结果都相同。

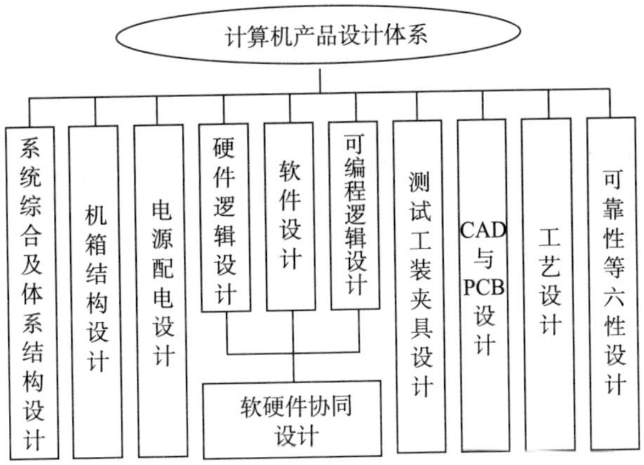

图 2－1　军用嵌入式计算机研制体系

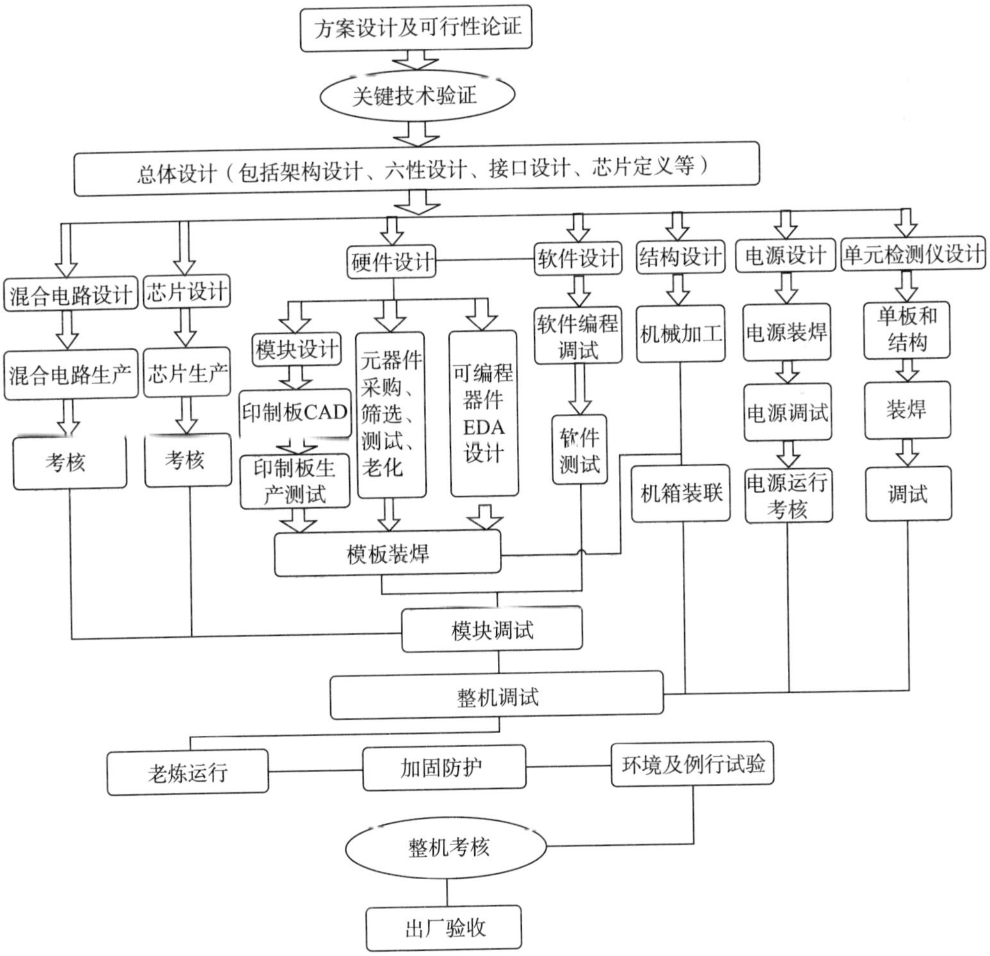

图 2－2　军用嵌入式计算机研制流程

2.2　军用嵌入式计算机的风险类别构成

军用嵌入式计算机的风险类别，如果只考虑功能性能和使用可靠性因素，那么按照产品研制过程属性可以分为设计风险和制造风险两个主层次风险。

设计风险按照设计流程次序和影响可控性的大小区分，一般从小到大的级别依次是：任务要求不满足、试验考核未通过、系统对接不匹配和飞行试验有故障，如图 2-3 所示。第 1～3 层为地面风险，第 4 层为飞行风险。在地面创造条件所做的一切试验与验证考核工作，都是为了降低飞行风险。

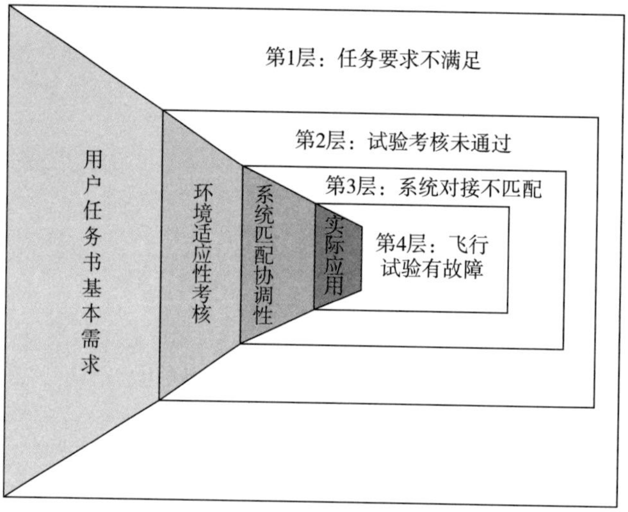

图 2-3　军用嵌入式计算机设计风险级别

制造风险按照试验结果分析和影响因素大小区分，一般从小到大的级别依次是：对新器件新材料特性认识不到位、采用新技术设计与新工艺的不协调、用新标准新环境考核试验不通过、实际应用与长期贮存寿命不满足，如图 2-4 所示。对新材料、新技术与新工艺标准的学习掌握和可靠运用，都是为了增强产品实际应用可靠性与贮存寿命。

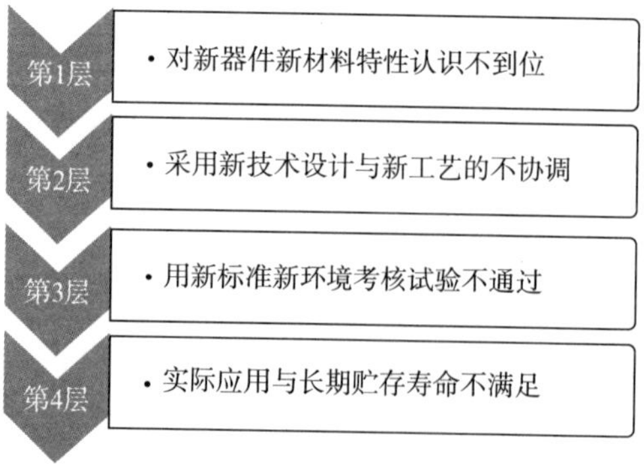

图 2-4　军用嵌入式计算机制造风险级别

2.3　军用嵌入式计算机设计风险的识别与控制

2.3.1　设计风险的识别与控制基本要求

设计风险的识别与控制是要靠设计与管理过程来实现的，而实现这些过程的主体是人，要做好识别与控制就必须具备最基本的条件，归纳起来主要有以下几个方面：

1）具备扎实的技术基础；

2）拥有丰富的工程经验和方法；

3）熟悉规范的研制流程和标准；

4）具有产品所在系统关联的专业知识和技术积累；

5）要有敏感的型号研制意识和风险控制意识。

2.3.2　设计风险的识别与控制基本方法

设计风险的识别与控制也是一项特殊的技术与管理相结合的系统工程，所涉及的产品对象是军用嵌入式计算机。产品的使用环境是航天型号与武器装备系统，属于型号任务系列，是一种系统配套产品，所涉及的用户接口非常多。通过多年的实践证明，这些特点决定了军用嵌入式计算机的设计风险识别与控制具有一定的规律性，可以遵循一些基本方法。

（1）对照“九新”识别任务新点

所谓“九新”是指一种产品相对于同类其他产品或该产品本阶段相对于上一阶段所存在的“新技术、新材料、新工艺、新状态、新环境、新单位、新岗位、新人员、新设备”。这些新点一般是引起风险的关键因素，只有仔细分析并采取规避性预防措施，才能保证设计一次成功，降低出现风险的概率。

（2）对照任务书识别技术难点

不同的产品功能、性能、用途以及使用环境各不相同，这些不同一般都体现在任务书或技术要求中，应针对任务书进行仔细分析，并与前期已经完成的同类产品进行对比，确认新要求和难以达到的指标或难以实现的功能，只有理出这些新点和难点，才能明确设计重点，有针对性地进行难点论证与验证试验，确保设计满足要求。

（3）对照设计团队识别能力弱点

军用嵌入式计算机是一个复杂的系统产品，是一个多学科融合的系统设计，其设计内容非常多，主要包括体系结构设计、FPGA 设计、接口设计、软件设计、电源设计、结构设计、工艺设计、环境适应性设计、可靠性设计与元器件选用设计等。这些设计要靠一个多学科人员组成的团队来完成，在型号研制中都要成立技术指挥系统。产品的主任设计师是该产品风险识别的主体责任者，应针对该产品所成立的团队，分析每个承担任务人员的技术能力特点以及协作水平，提前找出团队弱点，在研制过程中及早采取措施。

(4) 对照研制进度识别任务卡点

型号产品的研制都有严格的交付节点要求，军用嵌入式计算机也不例外，根据经验，必须对计算机产品交付进度构成风险的主要卡点因素进行识别，包括技术状态不确定、核心技术无法按时突破、元器件无法按时到货，以及产品试验未能通过而需要反复修改等。事先对这些风险点进行预测并保证优先关注和解决，才能确保按时完成研制。

(5) 对照总体“两总”识别协调特点

在型号产品研制过程中，根据经验，军用嵌入式计算机要交付的系统总体都有技术和行政两条指挥线，同时还有所属院元器件专家组。不同管理团队和指挥线有不同的风格特点，包括技术的，也包括风格的，这些差异导致了其对计算机方案的认可或问题的分析等方面的认可决策速度或结果各不相同，而这都直接影响计算机产品最终状态确定和能否按时完成研制。因此，计算机设计团队应事先熟悉上级两总的工作思路、个人特长及决策风格等，提前做好预案，确保快速及时完成协调确认，减少不必要的反复，降低因此带来的各种影响。

2.3.3 不同设计风险层次的主要风险因素分析

不同层次风险的表现形式不同、影响度不同，导致这些风险发生的影响因素也不同。以下将对导致不同层次风险发生的第 2 层风险以及与第 2 层风险直接相关的因素进行分类分析，以便能准确预测风险，并有针对性地直接采取措施。设计风险分层表见表 2－1。

表 2－1 设计风险分层表

设计风险（由易到难）																			
任务要求不满足					试验考核未通过					系统对接不匹配					飞行试验有故障				
功能实现风险	精度指标风险	可使用性风险	维修保障风险	贮存寿命风险	温度应力风险	机械应力风险	电磁应力风险	电源应力风险	综合应力风险	电源匹配风险	接口电气风险	资源使用风险	底层支持风险	软件协议风险	操作关联风险	电源关联风险	接口关联风险	软硬关联风险	环境关联风险

(1) 第 1 层风险：任务要求不满足

该层风险是设计过程的第一道直接风险，也是最容易发现的风险。按照风险的影响层次和发现的难易程度，将它们依次由简到难排列为功能实现风险、精度指标风险、可使用性风险、维修保障风险和贮存寿命风险，导致这些风险发生的因素各不相同：

1）功能实现风险。影响功能实现的风险因素一般包括体系结构设计不合理、处理器选型资源不足、新功能新器件性能指标不能保证、功能要求设计遗漏和设计要求理解有误等。

2）精度指标风险。精度指标一般包括时钟稳定度、转换器分辨率和转换精度以及一些传感器采集量的精度等。影响这些精度指标的设计保证因素一般包括器件响应速度、转换器的转换精度、晶体晶振的时钟稳定度、一些接口器件的速度和传感器的采集分辨精度，主要取决于器件选型和精度辅助调试保证。

3）可使用性风险。一般可使用性风险也就是可靠性能力风险，只有通过试验验证和实际使用才能暴露，属于隐藏较深的风险。而导致这类风险发生的直接因素一般包括元器件质量等级（温度适应范围）、封装可焊性、结构抗振设计合理性、电源环境适应性以及电磁屏蔽设计与散热设计、工艺加固等方面。

4）维修保障风险。此类风险主要是指可维修性和维修的容易实施性。影响这些问题的主要因素是结构设计的复杂性导致不易拆卸，产品故障定位手段的全面性、快速性和准确性，即单元测试设备设计的完善性，组成产品元器件的可获得性、可替代性和成本费用。

5）贮存寿命风险。贮存寿命风险是要依靠长期贮存考验才能验证和发现的风险，一般军用嵌入式计算机研制任务书都会提出产品的贮存周期，最基本的贮存周期一般为 10 年左右，随着技术进步和部队需求，贮存周期在不断地加长，目前的贮存周期已经提高到 15 年以上。经过多个型号产品的贮存延寿技术研究发现，影响计算机产品贮存寿命的主要因素是温度和湿度。从这点出发不难发现，这些因素都和产品的工艺有关，主要取决于元器件的封装选用、机箱结构的密封设计、印制件的工艺防护与加固设计等。

在确定了第 1 层风险影响因素的基础上，就必须采取相应措施，在设计过程中提前做到：

1）以任务书和质量控制要求为依据，梳理全部功能与指标要求；

2）对照已有型号产品设计、标准单元设计以及工艺实现能力，逐项确认和协调落实方案；

3）清理有难点和把握性不大的项目，制定专项攻关计划并实施验证，尽可能降低第 1 层风险发生的可能性。

（2）第 2 层风险：试验考核未通过

产品的试验考核是对设计结果的验证与确认，重点暴露设计中各种指标临界条件的设置、工作温度环境、振动条件、综合电磁环境条件下的功能与性能的正确性与协调性等方面存在的问题或薄弱环节。在设计阶段要考虑这些考核能否一次顺利通过，就必须事先进行风险预估分析，并提前采取设计措施，避免重复改进而造成的成本浪费和周期延误等最终风险的发生。

1）温度应力风险。根据以往多个型号产品发生问题情况统计分析，一般导致温度试验无法通过的风险因素主要表现为：选用的元器件温度条件不满足，时序设计临界导致不同速度器件在温度作用条件下出现时序不匹配，元器件的可焊性选型设计不好导致温度变化后焊盘蠕变脱焊，工艺设计散热不好导致局部过热，PCB 印制板过孔设计加工缺陷导致信号传递断开或阻值变大等。

2）机械应力风险。该风险主要是结构与工艺设计时对产品装联安装干涉、电连接器的接插牢靠性、特殊器件的工艺焊接和加固、PCB 板的振动应力放大等方面未进行考虑，或虽有考虑但采取的设计措施不当，而引起机械振动应力试验无法通过。

3）电磁应力风险。电磁应力风险一般只有在复杂的电磁环境条件下才能暴露，检验这种风险必须在特定的环境下进行试验考核。一般出现考核不通过的原因主要包括电源滤波设计与共地设计不合理、机箱结构设计的屏蔽性不好、电连接器接插件选型与安装不合理、印制板上 PCB 布线与机箱内导线互连走线未区分信号种类等有关。

4）电源应力风险。该风险一般是指军用嵌入式计算机连接到最终系统中，且所有接口都连接成最终设备负载状态的风险。在此状态下，系统的供电环境并不是理想的，而是比想象的复杂很多，主要表现在产品对输入电源幅度、波动、跳变和超量程等状况的容忍度、接口回路的负载变化裕度、多电源供电的建立时间与时序配合等。

5）综合应力风险。综合应力风险是指产品长时间综合施加温度、振动和电应力的条件下，暴露以上各单项风险试验无法暴露的故障或缺陷。它比其他风险隐藏更深，必须同时具备多个应力条件才能发生，在此类风险中一般容易暴露的缺陷是印制板的过孔工艺以及产品中大量电容器的漏电特性。

如何降低第 2 层风险，这取决于我们事先的经验和设计完善性，一般应按照以下几个方面开展工作：

1）严格按照产品技术条件规定进行试验；

2）适当提高各项试验条件的应力范围进行摸底，尽早暴露缺陷；

3）加强电源建立速度测试与开关电频次的验证；

4）强化印制板加工工艺控制、焊接工艺条件与防护加固检验控制。

（3）第 3 层：系统对接不匹配

系统对接不匹配是指军用嵌入式计算机按照任务书完成设计，按照产品技术条件完成所有试验并顺利通过，交付总体后进行系统对接匹配所面临的风险。此类风险按照系统试验项目与程序，决定了有一定的暴露次序，具体归类有以下 5 类风险：

1）电源匹配风险。产品连接到系统后的第一动作是电源加电，即所有设备按照系统设计统一供电。这种系统实际供电状态是否与任务书规定一致、是否与计算机电源设计输入相符等是最大风险问题，具体包括系统电源的过冲、掉电、接口串电、设备共地等引起计算机工作异常。

2）接口电气风险。当系统一旦供电正常后，即开始匹配对接检查与计算机相连接的所有接口，此时的风险主要表现在各接口设计的逻辑状态是否与任务书规定一致，是否与协调确认的结果一致，各接口的实际负载、速度、电平以及协议是否协调匹配，计算机能否适应多个设备互连后带来的共地干扰等。

3）资源使用风险。在接口功能匹配对接检查过程中，自然要得到软件的支持和配合。用户编制的软件第一次得到实际运行检验，此时最大的风险是用户编程人员是否对计算机的硬件设计原理理解到位，是否正确应用各种硬件资源，以及软件设计人员的编程工程经验是否丰富。一般容易出现问题的地方是内存分配与使用、中断管理与优先权、存储器与 I/O 接口的地址、系统全面的初始化管理以及各类接口工作方式的使用方法等。

4）底层支持风险。一般在系统应用过程中都使用用户程序，但大多数会用到计算机提供的监控软件、底层驱动软件或软件中间件。这是出现风险最大的地方，包括监控功能使用与理解、提供底层调用函数的调用方法、输入输出参数获得和信息交互异常处理机制等。

5）软件协议风险。随着系统匹配联调工作的深入，还有一类风险最容易发生，那就是所有总线接口的通信协议完备性问题。其暴露问题主要是对通信接口的硬件工作模式确认有差异、握手同步考虑不周、协议编程实施有缺陷、实际通信过程中软件对异常处理的机制不完整。

要防止计算机交付总体后在系统匹配对接和应用中出问题，将以上风险完全杜绝，那就应在前期设计过程中从以下几个方面着手：

1）加强前期任务书各接口的协调确认；

2）认真做好出厂前的接口对接验证；

3）在系统现场实际监测计算机供电电源环境；

4）要保证使用说明书详尽、准确，明确使用限制条件；

5）要与系统编程应用人员加强沟通交流，并现场配合系统应用软件设计人员正确理解所提供的底层支持资源。

（4）第4层：飞行试验有故障

飞行试验的过程包括发射场系统发射前测试、发射流程测试和实际飞行三个环节。飞行试验是航天型号与武器装备进行最终考核检验的一种方式，也是实际应用方式。虽然在飞行之前的各种环节中都为降低风险、提高可靠性、确保飞行试验成功做了大量工作，但由于飞行试验的复杂性，仍然会有一些问题暴露。这种风险一般隐藏最深，对这类风险进行事前预估与出现问题后故障定位具有完全相同的机理和作用。

1）操作关联风险。在发射现场，系统处于新的场地和环境，甚至由现场人员进行操作，这时计算机的操作是通过地面测试发射系统进行。由于现场操作人员对系统操作流程以及全系统的工况等熟悉程度不足，往往发生操作失误，比如加电程序、文件上传下传和诸元装订等与计算机直接相关的工作流程最容易出错，应加强现场保驾与培训工作。

2）电源关联风险。由于发射场供电系统环境复杂，容易出现计算机供电异常或与计算机相连的其他设备接口异常，导致计算机测试结果报错或程序跑飞而死机等现象。这就需要事先了解现场环境，并在系统进场前进行模拟验证以排除隐患。

3）接口关联风险。一般来说，在发射场系统中出现的异常不能直接表明就是计算机导致的，而应沿着该异常最相关的设备入手，分析计算机的哪些接口与此设备有关，进而结合飞行程序的具体设计进行分析定位。这一风险无法做到事前预估，只能事后分析。

4）软硬关联风险。此类风险一般直接针对用户应用软件设计与计算机硬件的协调性。如果软件设计不完善，比如非预期输入及中断管理和软件容错能力设计不足，会产生一些很难定位的故障，也难以确定是硬件还是软件的问题，这需要大量的地面模拟验证才能确定。

5）环境关联风险。在导弹飞行过程中随着起飞、拐弯、点火分离等动作带来的大冲击、过载以及仪器舱的高温等恶劣环境出现，计算机或系统中其他设备都可能出现适应性问题，甚至灾难性的异常现象。这需要系统充分利用遥测数据进行故障定位，或在重点怀疑的几个相关设备中进行专项验证试验才能最终定位，因此要有配合验证的充分准备。

飞行试验中的风险相较其他风险较难发现，但发生后一般难以定位。为了尽可能降低此类风险的发生，一般须从以下几个方面入手做好工作：

1）熟悉测试发射流程与计算机工作项目内容的关系；

2）熟悉飞行控制软件运行情况与计算机硬件的对应关系；

3）紧密关注地面测试数据和遥测数据判读结果；

4）故障定位要注重现象与流程的结合，更要关注现场环境条件的变化。

2.4 制造风险的识别与控制基本要求

制造是把设计变为实物的过程，一般都有完整的工艺总方案和完善的工艺流程。产品制造必须有相应的工艺技术支持和对应的工艺装备作基础，制造和设计一样也具有风险，只是制造风险相对设计风险更容易识别，其面也相对较窄。

根据军用嵌入式计算机的产品特点、研制流程和过程中经常发生的问题，可以将制造风险归结为 4 个层级，即新器件新材料风险、新技术与新工艺协调性风险、新标准新环境适应性风险、长期贮存性风险。制造风险分层表见表 2－2。

表 2－2 制造风险分层表

制造风险（由易到难）			
新器件、新材料风险	新技术与新工艺协调性风险	新标准新环境适应性风险	长期贮存性风险

（1）第 1 层：新器件新材料风险

经过多年连续生产，所采用的工艺已经适应了传统的设计，但随着产品设计改进与技术性能提升，一般都会不断采用新元器件和新原材料。如果生产过程中工艺人员对这些新元器件和新原材料的特性认识不到位，继续采用原有传统工艺将会导致诸如焊接问题、散热问题、加固问题、振动问题和装联问题等，因此要首先识别新器件和新材料，并进行充分的试验验证，全面掌握特性并采取合适的工艺。

（2）第 2 层：新技术与新工艺协调性风险

随着产品功能不断拓展，性能不断提升，体积和重量不断缩小，系统集成度也越来越高，传统的元器件筛选测试、装焊、装配装联、三防加固和灌封等工艺都面临适应性的挑战。如果不事先验证储备，新的产品将无法实现，或无法通过试验考核。这些风险必须随着产品方案设计并行进行确认和验证才能有效克服。

（3）第 3 层：新标准新环境适应性风险

一般地，军用嵌入式计算机产品的考核试验大纲或条件都是依据相关军用标准和国家标准而制定的。随着技术发展和认识的提高，原有一些标准在不断改进完善，一般都增加试验项目、加严试验条件。如果还按照原有标准进行设计和试验考核，当面对新标准进行检验时会出现无法通过的风险。这就要求科研人员必须不断了解和学习新标准，针对新标准改进设计和开展试验验证，降低新标准适应性风险。

(4) 第 4 层：长期贮存性风险

作为军用产品，一般都需要长期服役，在产品设计任务书中都会提出贮存期的指标要求。早期通用要求为 10 年左右，现在已有提出 15 年以上的任务，但这个指标在研制过程中是无法用实际产品进行试验考核的，一般通过分析和借鉴同工艺状态的早期产品服役期表现来综合判定。面对产品功能密度的不断增加和小型化高集成度的现状，传统的工艺以及服役成果借鉴都存在完整性、可信性风险，这就必须依靠基础新工艺的不断研究改进和经验积累，使之不断完善成熟，以此来降低长期贮存风险。

产品的制造工艺决定着产品的可靠性水平，一旦产品出现使用过程中的质量问题，应首先排除制造工艺问题，其次是设计问题，然后才是元器件与环境问题。

2.5　军用嵌入式计算机最典型的风险因素

军用嵌入式计算机最典型的风险因素都与不同阶段计算机产品技术发展现状有关，能导致风险的因素都与新技术和新产品的采用有关，还和产品的制造特点、外貌形态以及考核环境标准有关。

目前，随着 SOC/SiP 等技术和产品的普遍应用以及计算机系统功能的拓展，计算机产品正向着系统集成综合电子产品方向不断发展。在这种趋势下，其最典型的风险因素主要概括为 4 个方面，每个方面的风险特征表现各不相同。

2.5.1　新技术新产品

新技术新产品主要是指片上系统（SOC）、系统级封装（SiP）、卫星导航模块和高速多核处理器的应用，以及系统集成产品的拓展性研发。根据实际工作中出现的问题进行归类分析，其主要的风险在于所使用的产品成熟度不足，提供参考推荐使用的资料手册等内容不完善、准确性差、指导应用性不强，承受环境应力考核力度不足，参数一致性和离散性变化大。新技术新产品面临的风险特征如图 2－5 所示。

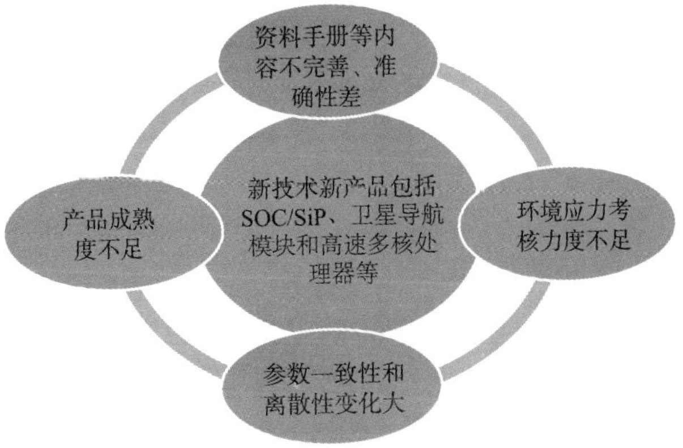

图 2－5　军用嵌入式计算机新技术新产品面临的风险特征

2.5.2 集成化散热能力

集成化散热能力是指 SOC 器件、SiP 模块、多核处理器和综合电子产品，由于功能密度的增加，导致产品工作热量集中。如果散热措施不好，会导致产品性能下降甚至工作异常。军用嵌入式计算机集成化产品面临的风险特征如图 2-6 所示。

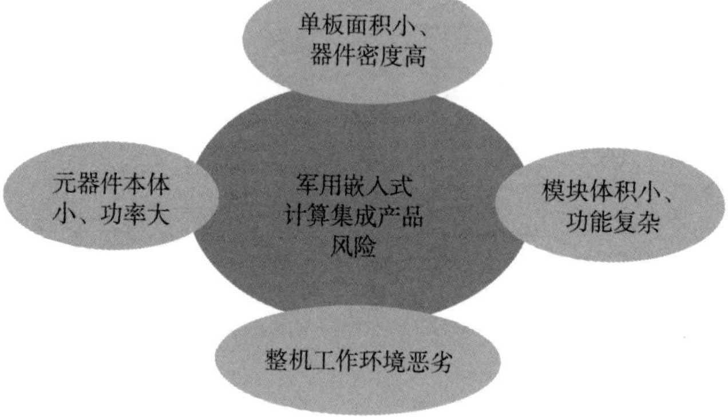

图 2-6 军用嵌入式计算机集成化产品面临的风险特征

2.5.3 国产元器件验证

在军用嵌入式计算机研制确保实现国产元器件品种与数量均达到 95%及以上的目标要求下，必须大量采用国产化元器件。但在实际研制过程中发现，由于国产元器件的应用验证数量与力度不足，使用会出现各种各样的问题，排除故障需要花费大量人力和财力，同时对研制进度造成非常不利的影响，具体风险特征与影响如图 2-7 所示。

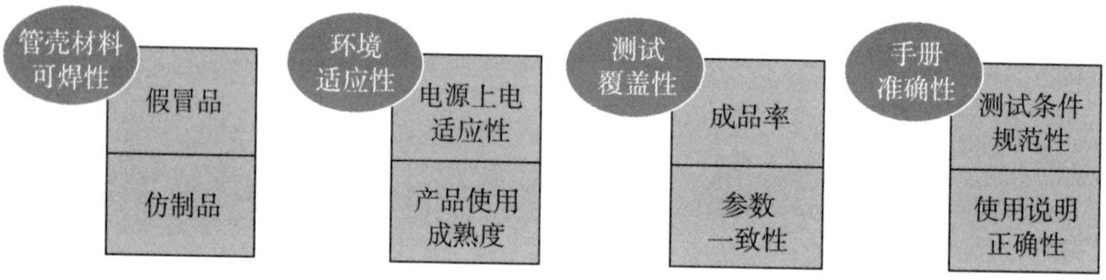

图 2-7 军用嵌入式计算机国产化元器件面临的风险特征与影响

2.5.4 环境适应性验证

由于相应标准的准确性、全面性、针对性和有效性都存在差距，采用老的已有标准进行环境适应性验证的产品，不能绝对保证暴露所有缺陷。因此在环境适应性方面，军用嵌入式计算机产品具有的共性风险主要表现为：

1）基于传统的试验条件已不能适应系统需求；

2）总线协议完备性及软件容错机制存在漏项；

3）温度梯度试验中频繁暴露器件的特性差异；

4）综合应力下印制板过孔或器件焊盘出现异常。

2.6　关于 SOC 器件应用风险的应对措施

在微电子技术领域，随着片上系统（SOC）技术的发展，使得综合电子系统或各种控制系统的功能集成、性能提升以及技术与产品的国产化自主可控变得容易实现，SOC 技术已经成为军用嵌入式计算机小型化、国产化的核心技术。如何将这种优势充分发挥，取决于 SOC 的设计和应用两个方面，本节将重点分析成熟设计的 SOC 产品应用过程中为降低风险应采取的措施。

2.6.1　SOC 特性分析

SOC 的特性主要取决于该产品的设计思想、功能性能特点、制造工艺水平和封装形式等。其中，设计思想主要是指该 SOC 产品设计时采用什么样的体系结构，用什么样的电源供电，以多快的时钟工作，以及配置什么样的系统运行支持环境等；功能性能特点是指该 SOC 产品集成了哪些功能模块，以及这些模块的电气特性指标与工作模式设置等；制造工艺水平是指该 SOC 芯片的工艺设计与制造，对外连接信号的多少，以及能够保证正常工作所能承受的环境应力水平等；封装形式则取决于该 SOC 产品的管壳材料、形状大小、重量和出腿方式等。以上这些特性不但直接影响着 SOC 产品性能的优劣，而且直接决定了 SOC 产品的应用结果和使用可靠性。

2.6.2　SOC 应用的综合保证措施

SOC 产品的应用从其研制过程来说，主要包括 SOC 产品的选择、逻辑与软件开发设计、PCB 的设计、印制板的加工以及产品的工艺加固与测试试验考核等。能否用好 SOC 产品，必须综合保障该系统产品研制过程各环节针对 SOC 产品特性所采取的相应支撑技术措施正确、到位。

（1）电源配置设计

SOC 产品要实现高速度、高性能，一般采用低电压、多电源供电，主要区分为内核电压（如 1.2 V）和接口电压（如 2.5 V/3.3 V）。由于各种配置电源的噪声要求高，因此在电源配置设计时要重点确保：

1）各种电源的建立时间应越短越好，尽可能消除上升过程中的台阶；

2）各种电源的上电与断电次序和时间要求应严格满足 SOC 产品详细规范要求；

3）各种电源的上升过冲越小越好，幅度满足产品规范要求，噪声纹波应尽可能低；

4）各种电源的动态负载能力应能够满足 SOC 内各功能模块高速启动转换和稳定运行的需要，并留有一定裕量（一般应不低于 30%），同时满足低温启动特殊要求。

（2）印制板布局布线

由于其封装管壳体积大、引腿多、功耗大、运行速度高，一般都有多电源和地线引腿，且四周均匀分布。这些特点决定了SOC产品印制板布局时必须考虑以下因素：

1）SOC器件应布局在印制板上机械应力环境相对较好且容易散热的位置，应尽可能远离高频、大功率器件；

2）管腿焊盘尺寸尽可能采用标准尺寸中的最大尺寸，管腿间隔尽可能大；

3）时钟源应距离SOC器件越近越好，时钟线尽可能短，最好不能有过孔；

4）SOC四周所分布的电源管腿均应采取加滤波电容的滤波措施，必须保证滤波电容尽可能靠近电源和地线管腿，且四周对称；

5）SOC器件的电源与地线引线尽可能不走过孔或少走过孔，如必须走过孔时应保证多孔并联，引线要粗，以保证大电流流过时电源电压衰减最小。

（3）印制板制作

印制板的制作工艺会直接反映在SOC器件的逻辑印制线以及过孔的工艺参数上，这些参数的差异会导致高速信号传递的幅度或速度变化，因此印制板制作时一定要关注以下因素：

1）印制板面的平整度要保证，否则对于BGA封装的SOC焊接可靠性有直接影响；

2）印制板的厚度要大于1.8 mm，以便保证振动条件下SOC焊点的抗振能力；

3）印制板的孔电阻必须越小越好；

4）印制线线阻应小且拐弯平滑，能够保证高速信号传输的延迟与边沿变化越小越好。

（4）器件焊接工艺

SOC器件的焊接质量直接决定了SOC应用的成败。由于SOC器件的管腿多，不论是BGA封装还是CQFP封装，其管腿间距相对都很小，且一般管壳都是国产新研制的，因此新研SOC产品的焊接非常关键，必须综合考虑以下措施：

1）必须分析和验证管腿的可焊性；

2）对于长引出腿的管壳要分析引腿是否需要二次成型，以便增加应力释放能力；

3）确保清除焊球或管腿以及印制板焊盘上的污染，确保焊接可靠；

4）应采用机焊工艺，其焊接温度曲线在焊接前必须校准；

5）BGA封装焊接的检验必须采用激光检测；

6）SOC产品焊接完加电前必须进行清洗排潮处理，防止短路桥连造成芯片逻辑单元的隐性损伤。

（5）器件加固工艺

由于一般SOC器件本体体积大、相对较重，在印制板上管腿所受到的振动应力较大，因此焊接完成后必须采用工艺加固的方法提高抗振性，确保振动中焊点的牢靠性。具体措施包括：

1）必须在印制板上对SOC壳体与印制板采取粘接加固，一般采用四角粘接或底部填充粘接方式；

2）粘接效果必须经过产品实际振动应力环境的试验验证，并保证还有应力承受裕量；

3）由于 BGA 封装管腿在底部，间距非常小，因此壳体四周必须用硅橡胶进行封堵，防止湿气进入而影响管腿间绝缘性；

4）如果该器件工作过程中壳温温升较高，工艺加固时应考虑采取散热措施。

（6）环境试验验证

对于首次采用或新选用的 SOC 器件而言，环境试验验证非常必要。其环境试验的条件一定要高于本产品技术条件规定的最高条件，而且还应留有一定的考核裕量，重点应关注以下事项：

1）SOC 器件随整机进行高低温试验，检查其功能性能的稳定性以及时序和接口对温度的适应性；

2）SOC 器件应随整机进行温度梯度试验，即从最低温度开始，每 5 ℃为一梯度进行试验，以检查该器件在全温度范围内的适应性和一致性；

3）对整机进行“三温”条件下的开断电试验和±5%的电源拉偏试验，检验 SOC 器件对电源的适应性；

4）整机必须进行温度循环试验，试验结束必须检查 SOC 焊盘是否有蠕变，以便检验器件管腿材料（受温度变化影响）伸缩对焊点的影响；

5）整机必须进行振动试验（整机技术条件规定的振动试验类型），以便检验 SOC 器件在本产品中的抗振能力。

（7）软件初始化可靠性管理

软件的可靠性是保证 SOC 器件正常可靠工作的基础。但是，由于 SOC 芯片集成的功能较多，而某一特定的应用条件下，这些功能并不可能都用到，往往容易疏忽的是对未用到的 SOC 功能在初始化或应用过程中未予理睬，这肯定会造成隐患。因此，使用时必须高度关注，并采取以下措施：

1）对 SOC 进行初始化时，对所有未用功能接口或可配置管脚必须进行管理初始化，使其处于某种固定模式，以保证不因为误启动工作而对其他功能的正常运行造成影响；

2）同时，尽可能使未用接口处于低耗电状态或输出为无效状态，保证使 SOC 器件消耗功率最小，降低器件温度，提高运行可靠性。

2.6.3　小结

SOC 的应用已经成为综合电子系统实现集成化、小型化和国产化的有效途径，为了使综合电子系统稳定可靠工作、降低研制风险，必须充分考虑产品制造和应用的各个环节，事先采取相应的控制措施，保证产品质量可控。

2.7　嵌入式计算机长期贮存的潜在风险分析

军用嵌入式计算机是导弹武器系统的核心设备，涉及产品生产过程的各种工艺手段与水平直接决定着产品的贮存寿命。一般情况下，军用嵌入式计算机的生产工艺都在不断发展，但这种发展是以继承性为基础的，也就是说最基础古老的工艺对现行工艺有直接的影响。它的适应年限和退化趋势都会直接影响和决定后续工艺的退化程度以及成熟度，那么已经交付使用多年的产品其贮存寿命和工艺退化程度到底如何，需要用实际产品进行检验评判。

本节主要利用已经交付使用 28 年的产品，进行了嵌入式计算机长期贮存的潜在风险验证，对涉及的工艺风险与能力给出了分析结论，具有非常重要的参考价值。

2.7.1 目的和意义

最早的军用嵌入式计算机研制始于 1965 年。经过 50 年的发展，军用嵌入式计算机的设计技术和工艺制造技术不断发展进步。50 多年来，研制单位向用户交付了大量不同品种和用途的计算机与电路产品，这些产品部分被消耗掉，大部分仍然在部队服役，长期贮存并经历了不同环境应力的作用。作为研制单位所提供的这些产品，目前的可靠性水平以及寿命情况、长期使用的传统设计与制造工艺技术的实际效果等一系列问题一直是用户和研制者十分关心的问题。

为了能够客观实际地评价和预示产品的贮存可靠性寿命情况，发现产品研制生产过程中主要工艺存在的薄弱环节，对计算机产品研制生产的传统设计技术与工艺技术给出客观实际的评估分析，我们借助某贮存延寿工程项目，对已经交付使用 12 年的 2 台弹上计算机，通过加速贮存试验预计该产品还能满足 4 年的贮存时间，证明其具有 16 年贮存期的评估指标。最后这一评估结果通过了 2 发飞行试验考核，计算机工作正常、表现良好。同时，在课题研究过程中对另一任务已经交付使用 28 年的 2 台产品进行了有针对性的再利用试验与分析，掌握了十分重要的第一手产品实际长期贮存结果信息，这一试验与分析结果对有效评价和改进现行设计与工艺具有十分重要的指导意义。

2.7.2 试验件状态信息

试验件为 2 台某型弹载计算机，属于框架式金属机箱密封安装，双层印制板布线，板间采用导线束构成书页式连接，DIP 封装元器件采用手工焊接，印制件采用喷涂三防漆工艺，元器件采用全国产化 NMOS 器件，28 V 电源供电，外装橡胶减振器，产品采用库房贮存且年检定期加电测试，各年例行测试和返回后测试均正常。

2.7.3 试验件性能与环境适应性综合验证分析

（1）试验件产品外观检查

对返回的 2 台产品进行外观检查，无划伤、压痕、变形、脱漆、锈蚀、霉点（霉斑）、变色等现象。对电缆插座芯针进行检查，无歪斜、损伤、氧化、锈蚀等现象，确定此状态为分析的初始状态。证明经过 28 年的实际使用贮存，产品的外观特性无变化。

(2) 试验产品电气性能检查

按照产品出厂测试的单元测试细则要求进行全面单元测试，测试结果正确，各项功能、性能指标无异常，满足产品技术条件规定。说明经过 28 年的实际使用贮存，产品的功能、性能指标无变化。

(3) 试验产品环境适应性检查

试验产品环境适应性检查分为验收试验考核、例行试验考核和出厂测试。

①试验产品验收试验考核

按照产品技术条件对 2 台产品进行高低温验收试验：

1) 低温试验。试验条件为－40～－45 ℃，保温 2 h，运行 2 h，共 4 h。

2) 高温试验。试验条件为＋50～＋55 ℃，连续运行 4 h。

高低温验收试验通过，说明经过 28 年的实际使用贮存，产品的功能、性能指标还能满足验收试验条件考核。

②试验产品例行试验考核

按照产品技术条件对其中 1 台产品进行全项目和条件的例行试验：

1) 低温工作。试验条件为－40～－45 ℃，保温 2 h，运行 2 h，共 4 h。

2) 高温工作。试验条件为＋50～＋55 ℃，连续运行 4 h。

3) 振动试验。试验条件为 10～50 Hz，1 mm；50～300 Hz，10 *g*；300～2 000 Hz，15 *g*；方向为三向；时间为每向 5 min。

4) 冲击试验。试验条件为最大加速度为 50 *g*；方向为轴向；时间为（11±1）ms；次数为 4 次。

5) 温度循环试验。试验条件为温度范围－40 ℃→＋50 ℃→－40 ℃…，循环次数 3 次。

上述例行试验全部通过，说明经过 28 年的实际使用贮存，产品的功能、性能指标还能满足例行试验条件考核。

③试验产品出厂测试

按照产品技术条件和单元测试细则要求对 2 台计算机进行绝缘导通检查、单元测试、（28±3）V 变电源试验及单元 10 h 运行考核，顺利通过。

在以上各项检查试验中，2 台产品功能、性能正常，满足技术条件要求。说明产品经过 28 年贮存后其环境适应性能够满足技术条件规定要求，产品还可以继续正常使用，具有一定的可靠性寿命保证。

2.7.4 试验产品开盖工艺检查

(1) 电装检查（镜检）

对产品内部装机元器件的引脚、壳体、接插件插针、焊点质量情况进行检查；对线束外观、绑扎情况进行检查。接插件插针未出现锈蚀与弯针现象。电装部位检查结果包括：

1) 对各个印制件检查后，外观未发现损伤、变形；

2）对各个印制件检查后，未发现导致短连的多余物存在；

3）对焊点检查后，焊点均在三防漆层下方，各板焊点未发现氧化发黑、锈蚀等现象，焊点表面光滑、明亮，焊料适量，润湿良好；

4）元器件本体未发现损伤、氧化、发黑、残缺、裂痕等现象；

5）元器件引线未发现断裂，也无导致断裂的扭曲、变形；

6）机箱导线未发现压伤，导线绝缘层无松散、破皮、线芯裸露等现象，导线线束形状完整，走线规整、绑扎完好。

（2）三防检查

对印制件三防喷漆部位及所有加固器件进行检查，未出现漆层脱落及环氧堆积现象。三防部位检查结果包括：

1）元器件加固用胶料无松脱、开裂；

2）印制件三防涂层未出现脱落、变色、起泡等现象。

（3）装配检查

对装配结构件、紧固件进行检查。对计算机内部紧固螺栓及外部装配螺钉、限位片进行检查，未发现有氧化现象。钳装工序检查结果包括：

1）外观检查，无损伤、变形，表面漆层无脱落；

2）对原装配件检查，无松动、脱落、锈蚀等现象；

3）对紧固件进行检查，无松动、脱落、锈蚀等现象。

综上所述，所有工艺的各工序检查未发现工艺问题，产品工艺状态与要求技术状态一致，满足设计文件和工艺文件要求。说明经过 28 年贮存，产品工艺状态良好，原有工艺及条件可以满足产品 28 年贮存的要求。

2.7.5 试验件产品印制板材及工艺分析

印制板作为印制件组装件的基板，其长期应用贮存的性能稳定性对整机的贮存寿命起着关键的作用，尤其是板材和金属化孔的可靠性非常重要。试验件产品的印制板采用孔金属化双面印制板，基材为环氧玻璃布覆铜板，采用手工贴图布线、表面全板镀金工艺，未涂覆阻焊剂。

对印制板进行分解，首先解焊所有元器件，其次去除表面三防漆，最后按照现有印制板检验检测、规范进行测试和试验，并进行对比分析。

经过试验分析，分解后的印制板按照现有工艺与检验标准判断，存在金属化孔壁镀铜不完整、不连续、有裂纹，金属化孔口处铜镀层有断裂现象，印制板上导线的剥离强度部分不符合现行测试标准，这是由于 28 年前的印制板制作工艺水平低，同时也是长期贮存产生了部分退化的结果。这说明现有印制板制作工艺标准优于 28 年前，同时也说明当时的同类工艺产品的印制板可以维持 28 年及以上的工作寿命。

2.7.6 试验件产品元器件性能参数变化分析

对于完成例行试验的 1 台产品，将早期的国产元器件进行解焊，在失效分析中心进行性能测试。与原器件手册指标进行对比分析，以便判断其性能指标退化情况。可利用再分析器件清单见表 2－3。

表 2－3　试验件产品可利用再分析器件清单

序号	器件名称	器件型号
1	双 D 触发器	LC4013
2	四－3 与非门	LC4023
3	移位寄存器	LC4910
4	串行加法器	LC4920
5	施密特接收器	LN4993
6	长线驱动器	KG24
7	四复合管	KG25

测试结果为功能正常、性能指标超差，主要表现为漏电流增大。通过对比分析可以看出，当时的国产器件经过 28 年的长期贮存，性能指标会出现不同程度的退化现象。虽然其性能指标出现明显退化趋势，但通过计算机系统的容差设计，仍然能够通过产品的各种试验条件考核，满足计算机整机长期贮存后正常使用的功能、性能指标要求。

2.7.7　综合分析结论

通过全面试验考核、系列专项检查和试验，结合现有设计与工艺技术以及可靠性保证技术水平，可以对交付使用 28 年的计算机产品贮存使用寿命的预期给出如下分析意见：

1）正常使用贮存 28 年的产品，能够通过完整的单元测试、交收试验和例行试验考核，各项功能、性能指标正常。这说明按照传统设计技术与工艺研制生产的产品具备贮存寿命达到 28 年及以上的能力（但对于贮存过程中易损的橡胶件必须定期检查更换）。

2）通过开箱进行产品装焊工艺、三防工艺和装配工艺的检查，经过 28 年的贮存使用后未发现变化和异常。这说明我们已有的传统工艺技术能够保证产品贮存使用 28 年，其功能性能符合设计要求；原有传统工艺经过 30 年的不断改进和优化，对保证整机功能、性能满足 30 年以上的贮存使用寿命更有把握。

3）通过印制板的解剖和试验分析，虽然按照现有标准判断其过孔存在缺陷，但当时的印制板制作工艺能够满足 28 年的贮存使用要求。现在的印制板制作工艺水平不断提高，检测手段不断完善，其质量远好于 30 年前的水平，因此目前的印制板制作工艺水平能够保证产品贮存使用 30 年以上。

4）通过集成电路的解焊和测试分析，虽然经过 28 年的贮存使用，单个器件的性能指标参数不满足其详细规范要求，但其基本功能正常，在进行了整机系统容差设计的情况下能够保证计算机整机系统功能和性能的完好性。同时，现在元器件相对于 30 年前，其设计制造工艺水平均有了很大提升，其测试筛选更加严格、全面，因此选择现有水平的国产元器件，其功能性能完好率能够保证整机 30 年以上的贮存使用寿命。

第3章　可靠性设计保证技术

军用嵌入式计算机是航天型号与武器装备系统组成的核心与关键设备之一，能否稳定可靠工作，确保长期处于质量可靠的工作状态，其可靠性设计是关键。产品寿命与设计可靠性、测试完备性以及试验覆盖性紧密相关。军用嵌入式计算机的可靠性设计是一个涉及专业面十分宽广的系统工程，是能否实现系统自动化、智能化的关键，对系统可靠性与寿命具有十分重要的决定作用。计算机产品调试与试验结果决定着系统隐患是否能够提前暴露和剔除，也直接影响着系统长期应用的稳定性、可靠性和寿命。

军用嵌入式计算机作为航天型号的电子产品，其可靠性技术是在航天可靠性技术的基础上发展起来的。航天可靠性技术的发展始于20世纪50年代初。当时，美国军方痛感电子产品可靠性问题严重，建立美国国防部电子设备可靠性顾问团（AGREE）机构，提出了电子产品的可靠性指标——平均寿命，并于1957年发表了《军用电子设备可靠性》的研究报告。该报告提出的一整套可靠性设计、试验及管理方法，被美国国防部及国家航空航天局（NASA）接受，得到广泛应用并迅速发展，形成了一套较完善的可靠性设计、试验和管理标准，如MIL-HDBK-217、MIL-STD-781、MIL-STD-785和MIL-STD-883等标准，从而为军用嵌入式计算机可靠性技术奠定了基础。在航天装备的研制过程中，各型号任务都不同程度地制定了可靠性要求，开展可靠性分配及预计，进行故障模式与影响分析（FMEA）和故障树分析（FTA），采用余度设计，开展可靠性鉴定试验、验收试验和老炼试验，进行可靠性评审等，使航天装备的可靠性有了大幅度提高，如20世纪50年代的先驱者号卫星发射11次只有3次成功，而20世纪60年代发展的阿波罗登月舱，几乎每次发射都成功地着陆在月球上并安全返回。法、日及苏联等国也相继开展可靠性研究，在20世纪70～80年代，可靠性技术在美国及工业发达的国家不断发展成熟，可靠性被提高到了十分重要的地位。

在我国，航天可靠性技术应用始于可靠性评估。从20世纪60年代中期开始，以原航天七零五所为代表的可靠性专业队伍提出了金字塔式可靠性综合评估方法。20世纪80年代初期，航天某总体部先后在两个型号中开展了可靠性评估工作，揭开了我国航天型号可靠性技术应用的序幕。电子元器件筛选工作始于20世纪70年代初期，采取了压缩和优选元器件品种，进行了整机寿命摸底，对导弹和火箭上配套的电子产品进行200 h加电老炼试验，此后又增加了温度循环与随机振动高效应力筛选，并在各型号中得到普遍推广。同时，参考MIL-STD-781C实施的电子产品可靠性鉴定试验以及其他产品的可靠性验证试验技术也得到了相应发展。

20世纪80年代开始，可靠性设计与分析技术有所发展，电子产品设计不同程度地运用了降额设计、最坏情况分析、冗余设计等可靠性技术。某固体导弹弹载计算机的FMEA

和FTA应用实践推动了航天系统FMEA和FTA技术向前发展。从航天型号第二代开始，我国从参照美国军用标准进展到自行研制可靠性技术标准和可靠性管理标准，促进了航天可靠性工作。

本书所述的可靠性设计不是人们常想到的专业可靠性预计、FMEA、FTA等可靠性分析工作，而是从全生命周期的角度讲述了一个军用嵌入式计算机产品，除了按照它要达到的功能、性能要求进行设计外，为了使其能够在全生命周期内长期稳定可靠地工作，还必须考虑在软件设计、测试性设计、可靠性设计、材料选型、工艺制造、试验考核及使用维护等方面的一些细节或关联性问题。这些问题主要来源于工程实践的经验积累，其内容包括军用嵌入式计算机的结构、电源、逻辑、接口、软件、元器件选用、可测试性、工艺保障性、电磁兼容性和环境适应性等涉及可靠性保障能力的各个要素和环节，这些要素与环节在设计时应优先考虑的因素以及应采取的措施或注意事项是什么，以期达到统一和规范设计、提高并确保产品固有质量和可靠性的目的。

3.1 军用嵌入式计算机的构成与设计内容

3.1.1 军用嵌入式计算机的构成

航天型号与武器装备计算机产品一般包括机箱、电源、处理器、总线扩展板、各种硬件控制接口板、对外连接器、外部设备，除此外，还必须具有软件支持系统，即操作系统、底层驱动软件、测试程序和应用程序。一般嵌入式计算机产品的组成和功能如图3-1所示。

3.1.2 军用嵌入式计算机的设计内容

按照军用嵌入式计算机的基本构成，其设计内容包括结构设计、整机热设计、电源设计、逻辑设计、FPGA设计、接口设计、软件设计和综合设计等。除了以上这些设计直接影响着可靠性外，元器件的选用设计、可测试性设计、工艺保障性设计、电磁兼容性设计和环境适应性设计等方面也直接决定或影响着产品的可靠性。经过大量实践证明，这些设计环节存在容易被疏忽的细节，这些细节设计时如果考虑不周，都将会在一定条件下引起产品质量问题的发生。可靠性设计保证技术就是重点针对各个设计方面，分别描述容易被忽视的、影响产品可靠性的因素，以及设计中需要注意的事项和采取的建议性措施。

3.2 不同研制阶段应重点考虑的问题

军用嵌入式计算机的研制阶段一般分为：方案（模样）阶段、初样阶段、正（试）样阶段和定型批生产阶段。在不同的研制阶段研制目标不同，对可靠性设计关注的重点也不同。可靠性措施的采取会涉及到产品的状态、性能、元器件选用结果和价格成本等方面的变化。

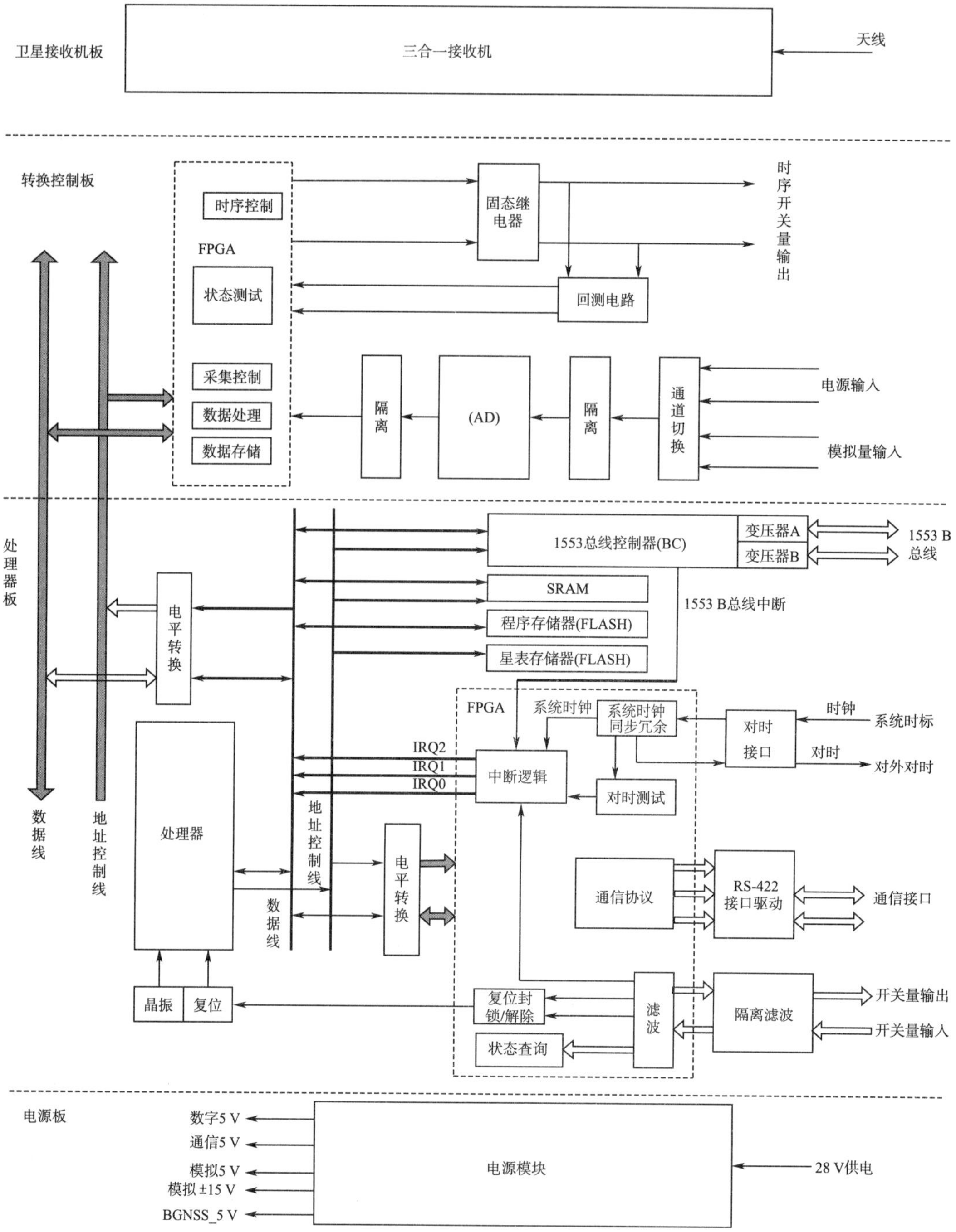

图 3-1　一般嵌入式计算机组成和功能框图

3.2.1　方案（模样）阶段

本阶段的主要任务是分析任务需求，制订方案，并开展原理样机设计验证。

1）任务需求分析时要重点关注产品的运行环境，不能只注重功能、性能要求。

2）制订方案时，要坚持“以最简单的手段完成规定任务为目标”的原则，不能图新奇而锦上添花，要尽可能采用成熟的部件和技术、尽最大可能规避有风险的技术，要重点考虑所选用元器件的抗辐射能力、成熟度、可获得性，还要考虑产品的工作方式等。

3）原理样机设计验证时要确保功能、性能的设计实现，同时要不增加过度的目标，以免影响可靠性。要同步考虑以下因素：

a. 元器件选择方面，须充分了解所选元器件的性能、特点、抗辐射能力、成熟度、质量等级以及可获得性等，要尽可能地压缩品种，尽可能选用国产元器件；

b. 元器件使用方面，须严格按照元器件性能指标和降额标准进行使用，按照器件的静电敏感度等级做好防静电措施；

c. 电磁兼容性（EMC）设计方面，须正确地接地、走线，并采取合理的滤波措施，重点加强电源的滤波设计；

d. 热设计方面，须进行热分析、合理布局，并采取恰当的散热措施。

3.2.2　初样阶段

本阶段为关键阶段，主要是纠正方案设计与验证阶段暴露的问题，并按照型号工程化的要求开展详细设计，重点是通过机、电、热、抗辐照和电磁兼容的一体化设计以及工艺措施的实施，进行全面的单机、系统等试验验证，固化产品设计与工艺基线。检验这些基线的标准是确保顺利通过产品技术条件规定的鉴定试验条件的考核，为顺利转入试样研制奠定基础。有时，小型化低成本系统还会通过实际飞行试验进行方案完整性考核。

3.2.3　正（试）样阶段

本阶段的重点任务是验证产品的系统应用，主要工作是完善产品的测试试验环境，并配合系统进行全系统的功能、性能和环境适应性验证，暴露产品接口之间的匹配性、协调性和稳定性问题。对于出现的问题采取措施给予解决，在此基础上对产品进行实际飞行应用验证考核，通过考核固化产品最终设计技术状态与工艺基线，为定型和批量生产打好基础。

3.2.4　定型批生产阶段

本阶段是产品可靠性的生产阶段，主要是要确保生产过程设计技术状态的变化受控，产品生产工艺稳定，元器件的筛选测试和静电防护符合规定，确保产品 100% 测试筛选合格，重点控制同批次产品各项性能指标的符合性、一致性，保证批生产的连续进行。

3.3　军用嵌入式计算机的可靠性工程设计注意事项

3.3.1　结构设计

结构设计是指产品的机箱设计。机箱设计应与电磁兼容设计、抗辐射设计、热设计一起考虑。重点强调的是：

1）机箱设计时一个很重要的目标是在满足各项要求的情况下，尽量减轻重量，易于加工，加工成本最低；

2）设计时要控制动力学放大，使结构具有适当的刚度和足够的阻尼，防止机箱内印制件的应力放大导致元器件损坏。

（1）布局设计

根据产品的结构特征和安装要求，结构布局设计可以分为板级产品布局设计和整机产品布局设计。

①板级产品布局设计

板极产品布局设计时，应考虑：

1）根据板面大小、安装方式、元器件数量和体积大小确定是否增加“十”字或“一”字加强筋，一般情况下，面积≥（20×20）cm^2 时要采取加强措施；

2）合理确定板级产品安装孔的位置和数量，保证不会因为安装导致印制板产生应力变形，使元器件管脚受力脱焊，而一般情况下，在四周合理布局安装孔后应尽可能在中间适量布局安装孔；

3）应将体积、重量和发热量较大以及抗振能力弱的元器件尽可能靠印制板四边布局，保证板面质量分布均匀、应力响应量级均等；

4）如果板上元器件数量较多、发热量集中且板面较大时，可以考虑采用西安微电子技术研究所的专利技术——三合一阻尼约束技术来增加印制件刚度，进行板级减振。

②整机产品布局设计

根据产品体积大小和安装方式的不同，整机产品布局设计可以分为箱式结构和框架式结构。框架式结构一般应用于采用固体推进剂发动机的战术武器型号，箱式结构一般应用于液体推进剂发动机的运载火箭和卫星、飞船类产品，框架式结构的优点主要是抗机械应力及抗过载能力强。在保证密封性设计的前提下，框架式结构与箱式结构在整体布局上都应注意以下事项：

1）与弹体的安装孔应尽可能布局在最大面积的面上，底面尽可能大且接触良好，保证传导散热效果最好；

2）电源模板与外部输入连接器之间的距离应最短，一般设置在底部或靠近接插件安装面的一端；

3）模拟输入输出信号处理板应尽可能靠近接插件安装面的一端；

4）CPU 主板应远离电源板，处在各个扩展板的中间位置，以使总线信号到各个板之间的距离尽可能地短而且均长；

5）连接器的插拔操作应尽可能方便，连接器的形状选型一定要具有防误插考虑；

6）整机的结构件形状应首先考虑尽可能采用平面加工就可以实现，安装拆卸简单方便。

（2）机箱材料选型设计

机箱材料选型设计时，应考虑：

1）首先考虑材料的性能价格比，选用常规易保障且经过验证成熟的材料；

2）应满足质量、强度、散热等指标要求；

3）所选材料能够在一般的机加平台上容易加工；

4）长期贮存后机箱形变要小；

5）采用的紧固件应尽可能统一规格，减少品种，并采用标准件。

（3）减振设计

①板级产品减振设计

板级产品应首先考虑在系统中的安装方式：

1）插槽安装时，需要采用锁紧装置，加强单板的刚度，防止形变；

2）采用螺钉直接紧固安装时，不能使螺钉直接接触印制板，应采用绝缘垫片或橡胶垫，要防止印制板直接受力导致螺孔周围元器件管脚脱落；

3）在印制件中，对于体积较大的元器件，要进行工艺粘接加固，使其与印制板之间紧密接触，防止振动对元器件管脚的损伤；

4）对于质量较大的元器件同样要考虑加固处理，防止振动时管脚受力疲劳损伤而出现质量隐患。

②整机产品减振设计

整机产品应首先考虑以下在系统中的安装方式：

1）在体积与安装空间允许的条件下，应优先考虑采用整机外部减振方式；

2）当外部无法采取减振时，在内部印制板上一定要考虑采用阻尼约束减振方式；

3）减振材料的选取一定要保证本机的共频点和本机产品在系统中安装部位的共频点不能重合，以确保减振效果；

4）减振器数量的多少达与产品的重量有直接关系，确保减振器工作在最佳工作点；

5）减振器橡胶材料的贮存期一定要足够长，确保产品长期贮存时的更换维修次数越少越好；

6）减振器安装后应保证产品在系统中最大振幅条件下与周围设备不发生碰撞。

（4）表面防护设计

①板级产品表面防护设计

印制板表面应喷涂防护漆，防护漆应均匀且有一定的厚度，能够覆盖元器件的管脚和表面，甚至器件管壳底部，确保器件管脚之间绝缘，并能防止水汽进入器件管壳内部而降低元器件的寿命。

②整机产品表面防护设计

整机产品表面应按照系统总技术条件规定对涂敷颜色的表面漆进行表面防护，表面防护设计时应考虑以下要求：

1）表面漆应能与机箱表面紧密接触，防脱落和划伤；

2）表面漆应能耐盐雾和霉菌侵蚀；

3）经过高低温试验和温度循环、冲击试验后，表面不能起泡、变色和脱落；

4）螺钉孔周围不能因为紧固受力而鼓包或脱落；

5）应确保机箱不同安装面之间不能因为表面漆而影响导通性能；

6）如果对空间散热有严格指标要求的应按规定进行表面工艺处理，并保证半球发射率满足要求。

3.3.2 整机热设计

整机热设计包括元器件级热设计、单板级热设计和整机级热设计。

（1）元器件级热设计

1）元器件级热设计主要是根据整机的工作环境温度合理选择元器件，因为元器件的工作温度与元器件的可靠性关系密切，要确保元器件的工作温度降额达到Ⅰ级降额标准；

2）每个元器件的功率都应严格计算，对于功率超过 0.3 W 的单个元器件要进行单独的热分析，并采取专项散热的工艺措施。

（2）单板级热设计

单板产品的热设计主要包括：

1）对于板上的元器件功率进行热仿真分析，合理布局，使功率较大器件均匀分布、不扎堆，且布局定位于容易散热的位置；

2）在印制板上采取工艺措施，增加热沉，增强传导方式散热的能力。

（3）整机级热设计

要根据整机在系统中的安装方式和工作环境确定散热方式，要特别注意在真空环境中只有热传导和热辐射两种散热途径，传导散热比辐射散热更有效。整机级热设计应注意：

1）机箱内部应尽可能采用传导方式，以最短路径将热传递到机箱箱体上；

2）板上功率较大、热量集中的器件可以直接安装在机箱的侧壁或底板上，或通过涂覆导热材料将热传递到距离最近的边框或箱体上；

3）机箱外部采用安装面平整紧密接触的热传导方式散热的同时，还应增大其他箱面的辐射散热面积，如增加棱槽数量或增大半球发射率；

4）散热设计应与机箱布局设计、热仿真分析结果紧密结合；

5）如果机箱采用橡胶减振器安装时，必须关注整机的热传递路径受阻问题，应尽可能增大机箱表面的热辐射散热面积。

3.3.3 电源设计

电源设计在满足任务要求、遵循电源设计规范的前提下，还要重点关注以下 6 个方面。

（1）功率设计控制

1）电源设计应合理确定性能指标的裕量。提出电源任务书时，要正确估算其功耗需求，既要考虑静态功耗，同时要考虑动态功耗和瞬态功耗，更主要的是上电瞬间的瞬态短路功耗和电源的内部损耗。如采用 1553B 通信的电源在总线接口信息发送时瞬态需要 600 mA

左右电流，如果电源动态特性不好将无法保证系统稳定工作。一般情况下，任务设计指标=静态功耗×130%。一般不希望留取裕量过大，防止过热和失控。一般电源工程实施时，还会在保证任务书最大功耗的基础上保留一定的裕量。

2）电源设计时必须仔细考虑最大和最小功耗，即静态功耗与动态功耗，合理选择反馈控制点。

3）在提出每路电源电流指标时，应根据逻辑设计理论计算并提出最大与最小电流额度。

4）要充分考虑对称电源实际负载的不均衡性，如模拟±15 V 电源等，不能以正负路电源均等的负载进行设计。

5）样机调试完成后应实际测量各路的实际使用量，验证设计指标，并合理进行裕量调整，以便使产品的自身发热量最小。

（2）电源上电时间设计控制

1）电源建立时间是指从 0 V 达到额定幅度所需要的时间。一般不希望很长，应保证在 20 ms 之内。一般地，不希望电源上电过程中出现台阶现象。

2）同一设备各种电源建立的先后次序应控制，并有严格的指标限制。一般要求主5 V 电源 V_{CC} 优先于转换器电源和其他接口电源先建立，以防止 CMOS 器件闩锁。

5 V 电源上电过程如图 3-2 所示。

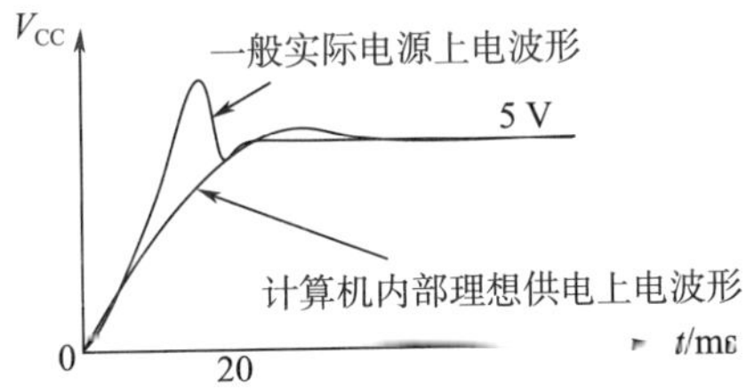

图 3-2　5 V 电源上电过程示意图

（3）防过冲设计控制

电源过冲是指电源建立过程中从 0 V 达到要求幅度后，由于动态负载平衡的建立，电源幅度超过规定额度的最大值。

一般情况下，任何直流电源的过冲应保持在额定值×105%，且宽度应小于 10 μs。

（4）保护设计控制

电源保护功能要根据应用环境和用途合理采取：

1）军用飞行器产品的电源不应设计过压或过流等保护逻辑，如果为了防止生产调试过程中出现损坏而采取保护措施，那么在产品正式出厂前应取消该保护措施；

2）地面产品电源可以采取保护措施，但是应合理选择保护点，并应经过现场测试确认保护点的合理性；

3）设计中尽可能保证主 5 V 电源的稳定可靠输出，有必要对 PWM 回路决定开关电源频率的阻容元件采用串并联冗余设计，降低元件可能失效模式发生的概率。同时对于电源输入端的滤波电容和二次电源输出端的滤波电容尽可能采用串联结构，降低电容短路模式引起的无输出事件发生的概率（如果电容开路，只会引起滤波功能失效，而不会无输出）。

（5）纹波设计控制

电源纹波是衡量电源偏离标准额度大小的指标，一般要求纹波越小越好，同时也随电源幅度大小的不同而不同，基本要求在0.5%～2%范围内。如果直流电源上明显叠加有交流成分，则应进行问题排查并给予消除。

（6）负载特性关联性设计控制

1）每种器件均有规定的额定工作电压范围，一般为5%。在此范围内，电压越高，器件反应速度越快；电压越低，器件反应速度越慢；环境温度越高，器件反应速度越慢，环境温度越低，器件反应速度越快。

2）合理选择反馈回路及工作参考点下的额定负载值，尽可能使设计与实际工作情况一致。

3）电源指标调试要关注其对相关路电源的负载特性及指标影响性，合理控制调试指标，确保上限及其一致性。

当产品出现时序关系和精度问题时，应综合考虑上述这些因素。

3.3.4 逻辑设计

（1）复位逻辑设计

复位逻辑与电源的变化紧密相关，复位逻辑设计应注意以下几点：

1）应采用带有电源检测功能的专用复位电路（标准设计），确保复位信号宽度稳定且覆盖整机系统中所有可编程器件，确保晶体或晶振、总线及CPU状态完全准备就绪，避免使用简单的RC组合脉冲复位逻辑；

2）注意采取措施避免复位期间的总线信号三态状态不匹配可能导致的逻辑失控；

3）复位信号宽度设计必须慎重，应进行理论计算和实际测量并留有裕量，复位信号的宽度不仅取决于CPU的要求，还取决于有些CPU、FPGA等上电时程序自动加载所需时间的要求；

4）对于进入空间飞行过程或重大试验过程的外界强制复位接口要进行“封锁处理”，防止接口干扰导致系统误复位的现象发生。

（2）时钟振荡逻辑设计

时钟振荡逻辑设计应注意以下几点：

1）确保晶体或晶振输出信号距离振荡器回路或接收回路的路径最短；

2）振荡回路中的辅助电容或电阻应设计为可调，确保对器件离散性的适应，时钟信号应设计频率与幅度的测试端点；

3）要避免高频时钟信号在板内长距离传输，板外输出要进行驱动隔离，防止这种长线跨板传输反射对板内造成影响。

（3）等待逻辑设计

等待逻辑设计应首先区分内部等待和外部等待。等待时间应考虑所有器件中响应速度中最慢的那一种，且等待周期应大于最慢器件响应时间，并留有一定的时间裕量，防止个别器件因批次性差异导致的离散性不适应。

（4）总线驱动缓冲逻辑设计

总线驱动缓冲逻辑设计最关键的是要确保被驱动和缓冲的总线信号在驱动和缓冲之前时序的一致性，即延迟时间的一致性。要尽可能防止因时序引起的两个以上器件对总线的同时输出，这会引起总线竞争冲突，导致地线振荡，使机内所有与该地线有关的信号产生毛刺干扰，进而影响工作稳定性、可靠性；同时，要计算负载能力，保证驱动器所带负载不能超过其额定负载；所选驱动缓冲器的速度不能低于信号的最高速度并留有一定余量，确保信号的动态性能不受影响。

除了总线信号需要驱动缓冲之外，其他板间传递的信号也应考虑采取驱动与缓冲措施，以便确保驱动能力，消除抖动毛刺，尤其是触发器的输出信号不能直接进行跨板长线传输，CLK 信号要特别注意消除边沿的抖动毛刺。

（5）译码控制逻辑设计

直接参与译码的所有信号应保证时序延迟的一致性。带有“读”、“写”控制信号的可编程类器件的选通信号译码不能有“读”、“写”信号参与，防止造成时序紧张。不带有“读”、“写”控制信号的器件选通信号译码时应有“读”、“写”信号参与，以便实现 CPU 的有序控制。同时，防止纯地址信号译码由于总线三态造成误译码，导致功能失控。

（6）信号电平与负载能力设计

信号电平设计应首先注意不同工艺标准器件之间的高低电平容差设计（如 TTL 电平与 HCMOS 电平等混用时），特别是一些可编程器件如 PAL、GAL 等输出高电平的最大值只有 3.8 V，应采取加上拉电阻等措施进行解决。该类信号尤其不能直接驱动光耦，必须采取加上拉电阻后才可以驱动光耦。各个器件的带负载能力应严格遵循器件的额定指标要求，同时应符合最大扇出扇入系数规定。

（7）中断级别排序设计

合理分配各个中断的优先级别，将特别重要的中断排在最高级，合理规划中断的嵌套与屏蔽机制。中断服务程序的设计应规范，对现场和所使用的各类寄存器等状态进行保护和恢复，确保堆栈平衡和准确恢复，合理关闭和开放中断。对于未用到的中断除了关闭之外，还应在初始化中也给予初始化管理，即直接执行返回指令。

要加强上电过程中对中断信号的管理设计，否则会由于上电过程中各中断信号电平建立的快慢差异而导致程序加载或初始化异常。

（8）容差性设计（最坏情况分析）

如果一个经过飞行试验验证的逻辑模块在后续的生产调试中发生了问题，仔细分析，一般都是原来的设计有缺陷，只是没有碰到激发故障的条件而已。这些激发条件主要包括逻辑时序对参数变化和脉冲沿变化的适应能力太差、器件对电源品质特性敏感等，这些缺陷都属于容差设计不足。一个容差设计好的电路对元器件不会要求很苛刻，而且调试工作量少、工作可靠，甚至在某种程度上还可以提高器件的抗辐射水平。容差设计应注意以下几点：

1）容差设计的参数范围，必须覆盖生产厂手册中的所有指标范围。如有特殊要求（如放大倍数），必须在元器件订货清单或合同中注明，而且在电装前应检查确认。

2）容差设计的参数范围还应覆盖器件在运行环境中的变化，如随温度的变化和随时间的老化。

3）容差设计的参数范围还应覆盖器件在辐射环境下的参数衰退，如晶体管放大倍数的减小、漏流增大及阈值变化等。

最坏情况分析就是要把参数允差、老化、温度、辐射的影响，以及输入、输出条件变化综合在一起分析。观测所设计的电路在最坏的环境、最坏的工作条件下（如数据率、输入输出电压、开关瞬态等）能否正常工作。

3.3.5 可编程逻辑设计

可编程逻辑（FPGA、PAL、GAL 等）设计要严格区分信号类型，合理布局和规范定义管脚功能，确保信号传递路径延迟的一致性，严格审查所用时钟与信号边沿的同步性。要保证不同功能模块的异域时钟的同步，时钟的最高频率与可编程器件的响应速度相匹配。最终确定的状态必须经过实际产品高低温环境的考核验证。要特别注意，一般情况下，可编程器件的信号电平幅度较低，驱动能力有限，应对输出信号采取加上拉电阻的措施，对一些不用的输入信号管脚进行规范的浮空处理，以便提高信号电平，满足与其他器件之间的匹配要求。

FPGA 器件在系统集成和小型化设计中被大量使用，是未来一个时期的主流产品，在设计中应特别关注。FPGA 设计注意事项如下：

1）代码注释要尽可能详尽。代码注释的作用是说明被描述代码的意图，要简练，具备摘要性、解释性的特点。在每个进程和子程序前使用一个简短的中文注释，并尽可能给每一个并发语句增加一个标签。

2）时钟选择要规范，保证全局性。时钟是驱动整个电路工作的基础，是 FPGA 设计必须仔细考虑的主要问题。时钟使用必须保证所定义时钟应使用专用时钟网络，所有时钟生成使用同一模块，保证时钟信号规范、无毛刺和抖动，时钟数量最少，尽可能避免使用门控时钟和混合时钟沿。

3）复位信号要规范、覆盖要全面。一般地，复位信号扇出大，控制的信号多，设计必须尽量使用专用时钟网络，干净无毛刺，且所有复位生成使用同一模块。

4）同步设计是多功能模块稳定工作的关键。同步设计要保证 FPGA 在温度、电压变化的情况下工作稳定可靠。在同步设计中，跨时钟域的信号必须经过同步之后才能够使用，要尽量使用一个时钟完成规定的功能。

5）状态机设计要保证安全性。状态机设计是逻辑设计中一个核心模块，其安全可靠性直接决定了所有逻辑的稳定性。不要在状态机的设计中出现多余状态，保证每个状态应该是可到达且可以跳出。

6）要保证速度与资源的设计降额。所有设计必须保证资源与速度的设计降额。FPGA设计中的寄存器与组合逻辑资源利用率应不高于80%；速度的降额须根据系统要求以及使用环境进行相应的降额考虑。

以主机处理器模块为核心，与之相关的输入输出信号均定义为接口信号，对这些信号进行处理的逻辑电路组合称为接口。

（1）接口隔离与共地设计

当主机处理器模块与接口之间由同一组电源供电或不同组电源供电，但地线可以直接相连时称为共地。在此情况下，接口信号经过设备传送转接时，应在输入端加缓冲和滤波抗干扰设计，在输出端加缓冲驱动。

当主机处理器模块与接口之间由不同组电源供电或信号地线不能直接相连时，应采取光电隔离措施。光耦参数及与之匹配的阻容参数应根据被隔离信号的指标特性进行计算选择，确保信号经过隔离转换后特征指标不发生变化。

主机处理器模块与模拟信号接口、角度转换接口之间应采取光电隔离措施，光耦参数及与之匹配的阻容参数应根据被隔离信号的指标特性进行计算选择。在确保信号经过隔离转换后特征指标不发生变化的同时，要尽可能保证同组信号转换过程中时间延迟的一致性（如同组数据线、地址线和选通、时钟线等信号之间以及这些总线信号相互之间）。

（2）接口驱动能力设计

接口驱动能力设计应从以下几个方面综合确保：

1）要求的驱动电流是驱动器件能够承受或提供的额定能力；

2）如果是长线驱动，一定要采用与信号特征相匹配的长线驱动器或专用接口器件；

3）接口输出要采取输出短路保护措施，防止输出直接接地或接电源而烧毁接口器件；

4）上电过程中应确保输出为无效状态，应在接口器件的输入端采取上拉或下拉电阻等措施；

5）如果输出接口是驱动继电器或线圈类接口，应在输出端加泄放二极管对输出驱动器进行保护；

6）接口对外输出为TTL电平时，要尽可能选用驱动能力强的驱动器（如总线驱动器或大电流的OC门类器件）。

（3）阻抗匹配特性设计

阻抗匹配是指输出与输入接口相连接时输入阻抗与输出阻抗应相适应，不会产生信号电平幅度和频率畸变的现象。接口设计时，一定要加强接口之间的协调，了解双方接口的器件型号规格与技术指标以及接口匹配阻容参数与连接方式。对于接口阻抗匹配存在不协调的情况，一定要在“欠缺”的一端进行补偿（如串联或并联电阻等），防止影响传递信号的指标特性。

（4）防潜通路设计

潜通路是指不同设备接口或设备内部不同电源逻辑信号转换之间由于设备之间存在加电与不加电或一方先加电另一方后加电时，而发生某种非预期的电流逻辑通路或器件内部存在潜在回路的现象。这种现象会因为不同设备或同一设备不同电源之间加电先后次序的不同而在此期间出现电流的非预期流向，造成异常问题发生，轻则造成信号电平等指标异常，重则造成接口器件损坏或设备其他故障。设计时，一定要进行正常的信号电流流向（预期流向）审查，还应进行逆向电流流向（非预期流向）审查，一旦发现逆向通路存在就应采取措施予以纠正。

（5）滤波设计

滤波设计包括硬件滤波设计和软件滤波设计。

硬件滤波设计是指信号从一个设备到另一个设备或在设备内部从一个模板到另一个模板，经过长线传输或电气隔离后为消除信号上叠加的各种干扰所采取的措施。一般有电容滤波、RC 滤波、施密特门滤波以及脉冲宽度、电平判别逻辑等。

软件滤波设计是指对于特定逻辑接口的信息经过多次采集并对采集结果进行平滑处理、均值处理或专用算法处理的软件措施。但是值得注意的是，在进行如 A/D、D/A 转换接口功能、性能精度调试、测试时不能用软件滤波措施，而是在实际应用过程中，在保证接口性能稳定的前提下，为了增强应用过程的可靠性而预防性地采取软件平滑滤波措施。最可靠的滤波措施是在接口上同时采取硬件、软件滤波措施。

（6）防耦合设计

耦合设计是指一簇信号经过印制板或电缆线并行排列走向，信号之间通过电磁耦合而使信号产生变化的现象。如果耦合强烈会影响到信号的功能。

防耦合设计的措施就是尽可能使直流电源、高频、大电流的脉冲或电平信号与其他信号在物理连接上采取远离、非并行走向、屏蔽等措施。如机箱连线的电缆采取分簇捆绑，并采用屏蔽线或双绞线，印制板布线采取地线平行夹击或交叉走线等工艺措施。

3.3.6 软件设计

软件可靠性设计是军用嵌入式计算机可靠性设计的非常重要的组成部分。设计人员不但要有完整的软件设计知识和经验，而且还要懂得硬件设计和系统应用。只有将软件设计同硬件设计和系统应用相结合，才能保证软件设计的可靠性。

（1）上电等待设计

由于 CPU 上电复位时间长短的差异、晶体振荡频率稳定时间长短差异以及总线接口信号传递延迟和可编程器件复位稳定时间的离散性差异等，所以电源上电复位后的软件第一条执行指令之前应增加一定时间长度的空操作或延时指令，确保复位信号撤消后各个器件的工作状态都准备就绪并保持稳定的条件下才执行有效指令。

（2）上电初始化设计

I/O 初始化和内存初始化设计是软件可靠性设计的核心环节，不能遗漏。如果遗漏将会出现难以发现的设计缺陷，应遵循以下要求：

1）所有的中断源都必须进行管理设计，设置中断矢量和中断服务程序（IRET）；

2）所有的输入、输出接口都必须进行初始化设置管理，除本软件用到的接口外，如

D/A 接口和开关量输出接口等都应设置为无效状态；

3）初始化同一个 I/O 接口时，2 条连续输出指令之间必须延迟至少 3 个空操作，保证初始化的可靠性；

4）任何处理器的寄存器和任何类型的动态存储器都不能保证上电后状态为固定态，即全为 0 或全为 1，而是随机值，因此上电复位后应对寄存器和存储器进行全部状态清零或赋值管理；

5）上电复位初始化后的各个接口状态都应确保得到测试和验证。

（3）总线等待设计

总线等待设计是解决处理器总线速度与各相关器件响应速度匹配问题的重要手段。在 CPU 的"Ready"信号设计之外，还存在着存储器或寄存器操作与 I/O 操作等指令序列执行时间不等的情况。为了防止总线出现不协调，而需要采取软件措施加以预防。这里，总线等待设计是指 CPU 在执行指令序列时，由于两条相邻指令在硬件上客观存在总线等待周期相互转化的过程，这种转化过程导致总线响应时间存在差异，该差异可以用软件指令来进行弥补设计。一般地，要求遵循的原则是：CPU 在执行的指令等待周期从慢转快或从快转慢时应使用软件空操作进行延迟，以便缓冲因为 I/O 信号传递路径长、延迟时间大而总线内部指令响应速度快造成的响应冲突（一般地，I/O 操作等待周期 7 个，远大于 CPU 内部等待周期 0 个或 3 个）。

（4）中断服务子程序设计

中断服务子程序设计的完备性直接决定处理器执行程序的效率和流程的正确性。中断服务子程序的设计，一般应注意以下 3 个问题：

1）硬件未使用的中断一定要保证设计中断服务子程序。合理的设计是 CPU 的所有中断（内部和外部）都应设计中断服务子程序，只是未用的中断服务子程序只有一条中断返回指令，而不能认为进行了中断屏蔽就可以不设计中断矢量和中断服务子程序。

2）中断服务子程序中要绝对保护现场和正确恢复现场，同时一定要确保堆栈的平衡。对于中断嵌套频繁的状况，一定要保证堆栈区有足够的空间。

3）在一个中断服务子程序中要及时地关闭和开放中断，既确保中断的合理嵌套又保证自身中断指令能够被有效执行。

（5）内存分配与初始化设计

嵌入式计算机的内存包括程序存储区和数据存储区（含双端口存储器）。在这两部分内存中又都存在着监控程序和用户应用程序的区别（有的产品还存在着测试程序的区别），内存的分配和初始化是监控程序的基本功能要求：

1）明确定义监控与应用程序的存储区地址范围，并在使用说明书中清楚地告诉用户，监控程序区用户禁止操作和占用。

2）复位后应对关键的数据存储区进行状态设置（置为固定的 00H 或 FFH），不能呈随机状态值。所有数据存储区上电后的初始状态是不定的，必须通过初始化设置才能保证每次执行程序的所有初始条件相一致。

3）每次复位后初始化前最好能对所有存储区（至少是关键存储区）进行自检，如果有错，应实施故障报告并限制使用。

（6）闭环链路延迟等待设计

在闭环检测一个输出指令执行结果的应用中，必须明白每个输出控制操作都需要考虑信号传递通道各个环节的延迟以及执行机构产生的时间延迟。通过采样执行效果进行输入控制时，不但要考虑输出通道的时间延迟，而且同样要考虑输入通道所产生的时间延迟。要测试该延迟时间，在程序中给出合理的延迟参数，确保闭环检测的可靠性和稳定性。一般地，光耦延迟、模拟开关切换延迟时间都在微秒级，而继电器的吸合与断开延迟时间都在毫秒级。

（7）通信接口同步握手设计

在点对点的异步串行通信接口软件协议设计中，由于通信接口速率是一致性的，但是管理两个接口的处理器速度是不同的，处理器执行的软件程序也不相同。有时差异非常大，在制定通信协议时必须特别考虑：

1）如果是单方向连续发送，发送方应充分考虑接收方的处理速度，尽可能地延长两个字节发送之间的时间，让接收方有充足的时间进行可靠读取和存储等处理。

2）如果是握手同步通信，发送方发送一个字节后必须等待接收方回送接收的字节或固定信息码后再发送下一个字节。这样可以使发送方主动判别，同时也可以使两个设备的工作保持良好的同步状态。

3）如果通信双方有一方采用边通信边显示的工作模式，那么显示一方要充分考虑由于进行显示所带来的处理器响应速度对通信的影响。

（8）软件可阅读性设计

软件可靠性和可维护性是软件设计质量的重要保证。它的功能、性能、安全性和可维护性在软件的生命周期内具有重要的作用，如果设计有缺陷、故障和失效，将导致航天器故障或失效。因此，要保证软件路径清晰和最短并尽可能减少调用期间的频繁堆栈操作，软件设计必须采用模块化设计，尽可能减少嵌套层次。

3.3.7 可测试性设计

随着嵌入式产品复杂性的增加，根据设计或研制完毕的系统来制定测试方案已经无法适应实际生产的需要，要求在系统设计时提早考虑测试性的问题。即衡量一个系统设计的好坏不仅要看其功能和性能的优劣，还要考察其测试的覆盖性、方便程度。因此，需要从可测试性度量、可测试性机制的设计与优化、测试信息的处理与故障诊断、测试项目的设置等方面进一步研究嵌入式系统的可测试性设计技术，提高设计效率，缩短设计周期。

（1）可测试性度量

要提高产品的可测试性，首先要对产品的可测试性水平进行描述，也就是进行可测试性度量。可测试性度量方法需满足精确性和简单性两个要求，所谓精确性是指可测试性度量方法能准确地预计产品测试程度生成的困难，并且定位到产品的某一部分，从而便于对产品设计进行更改；而简单性要求则是指度量可测试性的计算量应小于测试程度生成的计算量，否则，可测试性度量方法就会失去实际的应用意义。目前，可测试性度量方法主要是针对数字电路系统。一般情况下，在一个嵌入式系统中，对所有的功能、性能项进行统计，确认在此条件下有多少功能、性能可以实现测试，依次可以判断其测试覆盖性，这也是一种可测试性度量方法。

(2) 可测试性机制的设计与优化

可测试性设计需首先将某种能方便测试的可测试性机制引入到产品中，再提供获取的被测对象内部测试信息，因此合理、有效的设计可测试性机制是成功提高产品可测试性水平的基础。现有的可测试性机制设计方法有 LFSR 方法、电平灵敏设计方法、静态电源电流测试（IDDQ）方法、边界扫描机制等。可测试性机制的引入虽然可以提高系统的可测试性指标、降低产品的全寿命周期费用，但是会在一定程度上增加产品的成本。因此，综合权衡可测试性机制的性能和费用，进行可测试性机制的优化设计是可测试性设计技术能否成功应用的另一个重要因素。

(3) 测试信息的处理与故障诊断

为了提高产品质量和可靠性、降低系统全寿命周期费用，要求可测试性技术能够方便、快速地获取有关被测产品的状态信息，确定产品工作正常与否、性能是否良好、是否存在故障以及故障类型，以便采取设计调整、故障排除等后续工作。在对复杂的对象进行测试时，难点往往不在于如何获取测试信息，而在于如何对所获取的大量信息进行处理。例如，对于一个具有 N 个测试点的数字电路而言，所能获取的测试信息总量为 N^2 个，随着 N 的增大，测试信息总量将呈指数型增长，因此能否对所获取的测试信息进行有效处理并对可能存在的故障进行精确诊断是可测试性设计技术成功应用的关键之一。

(4) 测试项目的设置

对于一般的嵌入式计算机而言，测试项目的完善也是衡量可测试性的一种标志。一般应进行包括以下项目的测试：

1) 单项功能、性能测试；

2) 静态指标测试；

3) 动态指标测试；

4) 相关性测试（也称并发测试，重点关注相互影响性）；

5) 冗余功能测试（重点关注冗余设计中的逻辑与工艺措施是否存在固有缺陷）；

6) 长线驱动能力测试（考核信号传递和带实际负载情况下的工作能力及稳定性）；

7) 环境适应性验证测试（重点针对系统配电和电缆连接以及温度、电磁等环境条件下的稳定性）。

在实际的测试过程中，一般情况下，前 3 项测试都可以做到，但后 4 项测试往往会被忽略。这恰恰是导致测试覆盖性不足的直接根源，造成的后果就是产品交付系统后会出现各种各样的质量问题，因此一定要创造条件开展后 4 项的测试。

3.3.8　元器件选用设计

元器件的选用设计涉及到元器件的功能、性能、封装工艺、质量等级等方面，这些都与产品的最终质量可靠性紧密相关，选用时都必须仔细考虑。

（1）性能指标选用

军用嵌入式系统是定制产品，它是以特殊应用为中心，并对系统功能和性能指标都有严格要求的专用计算机系统。准确选用和评价各种元器件的性能指标是保证嵌入式系统需求的必要条件。一般元器件的性能指标也直接与成本有关，性能指标的选用必须首先保证元器件的性能指标能够满足系统设计要求，考虑到设计降额并留有一定的裕量，但不推荐片面追求高性能指标，否则会增加不必要的成本。

（2）质量等级选用

元器件的质量等级与其价格成本紧密相关，军用嵌入式计算机系统成本由开发成本、生产成本等多种成本因素组成，不考虑开发成本而仅考虑系统实现软件和硬件的成本是片面的、不现实的。成本参数有累加的特点，若将系统划分成几个子系统，则系统总成本等于各个子系统成本之和。元器件成本是计算机系统硬件成本的最大核心组成部分，不同质量等级的元器件其成本价格差别很大，元器件等级的选用应以满足系统综合要求为基本目标，一味追求高质量等级而导致成本增加甚至没有经济效率的设计是失败的设计。

（3）封装形式选用

随着嵌入式系统相关技术在消费电子、智能家电和通信设备等领域的广泛应用，军用嵌入式计算机系统硬件的集成度越来越高，产品对硬件面积的要求也越来越严格，众多体积小、重量轻的嵌入式产品纷纷问世。系统硬件面积与各硬件组成部分的体积直接相关，基本上可以通过各个硬件单元面积累加的方法获得。减少面积，客观上要求选择大量的表面贴装元器件，而这类元器件一般情况下质量等级偏低，且多数为塑封元器件，故元器件级的筛选会受到限制。为了确保可靠性，需要采取随板级筛选试验进行补救。

（4）功耗选用与低功耗设计

功耗已经被公认为是现代电子产品设计的一个重要指标。它是针对军用嵌入式计算机的使用寿命提出来的，同时还要考虑到尽可能降低芯片封装和冷却装置的成本，提高系统可靠性，以及增强对环境因素的适应性等。随着设计层次不断提高，功耗问题已经成为系统设计过程中要重点考虑的性能指标之一，为降低系统功耗所做的相应处理也被提到了更高的层次，一般情况下应选用功耗低的元器件。对于不得不选用功耗较大的元器件，首先应保证供电电源能够承受，其次应对功耗大于 0.3 W 的元器件进行热分析并采取工艺上的散热措施。

随着嵌入式系统的广泛应用，功耗成为设计中需要重点考虑的性能指标。嵌入式系统所采用的 CMOS 功耗主要由动态功耗、静态功耗和短路功耗组成。要降低 CMOS 电路的动态功耗，可以通过减小等效电容、降低电源电压、降低工作频率以及节点的翻转概率来实现；而要降低 CMOS 电路的短路功耗和静态功耗，则需要调整阈值电压、电源电压等。

低功耗设计技术实际上就是通过改变这些参数以达到降低系统功耗的目的，改变这些参数可以在不同的设计层次上进行。

与嵌入式系统设计流程相对应，低功耗设计技术贯穿于系统设计、软件设计、逻辑设计、硬件设计等各个阶段，如图 3－3 所示。一种常用的设计层次分类方法是：系统级/行为级、结构级/寄存器传送级、逻辑级和电路级/晶体管级。研究表明，抽象层次越高，优化的空间越大，采用低功耗技术可降低的功耗比例越大，效果越明显，因此嵌入式系统的低功耗设计技术需要从系统级入手进行研究。

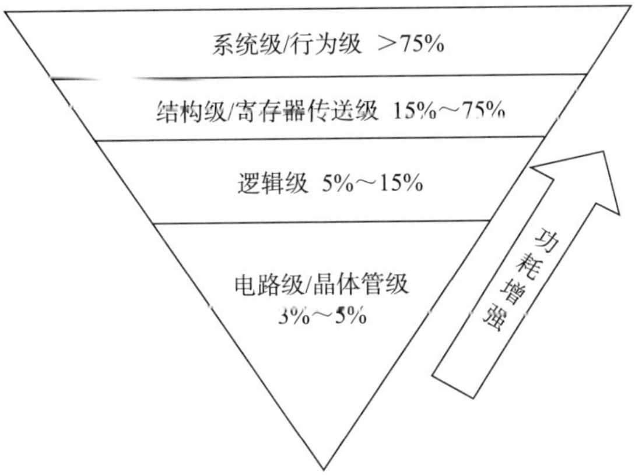

图 3－3 不同抽象层次优化对功耗的改善程度

（5）元器件的响应速度选用

大多数嵌入式系统都是实时系统，它们对系统的时间性有着或多或少的要求，时间性成为嵌入式系统设计的一个重要性能指标。时间性由硬件运行时间和软件运行时间组成，硬件运行时间是系统硬件运行所用的时间，可以通过将各个硬件单元运行时间进行累加得到；软件运行时间是系统中所有任务程序指令运行所用的时间，它与系统 CPU 的类型和任务数量有关。要确保软硬件系统的时间性要求，应慎重选择元器件的响应速度，在该速度无法满足 CPU 总线速度时应在设计中加入等待逻辑，确保元器件在三温条件下的响应速度都能满足要求。

（6）新品元器件的选用

新品元器件的选用是提升产品性能指标与技术水平的方法之一，也是实现国产化的必由之路。选用新品元器件会客观存在一定的风险性。新品元器件的首次使用，都必须选用经过正式鉴定合格的产品，使用前应对该元器件的功能、性能指标以及环境适应性进行专项验证，只有满足要求才能使用，这客观上也会带来开发成本的增加。

（7）CMOS 集成电路选用

CMOS 集成电路由于其自身独特的高输入阻抗、微功耗等优点，在军用嵌入式计算机中得到了广泛使用。但它也有致命的缺点，即容易发生锁定效应。锁定是 CMOS 电路的一种状态，该状态下由于输入、输出或电源的过应力，触发了内部寄生可控硅结构，形成一条低阻抗通路，并在消除或终止触发条件后仍保持。锁定效应是 CMOS 电路所特有的一种失效模式，空间辐射环境会对 CMOS 电路造成单粒子闩锁，导致器件失效，影响航天器的可靠运行，缩短寿命。

在军用嵌入式计算机系统中，使用的中、小规模 CMOS 电路由于功耗小，其锁定效应可采用高质量等级的抗辐射元器件，如宇航级蓝宝石（SOS）工艺 CMOS 元器件，并在电源端加限流电阻得到解决。而大规模 CMOS 集成电路到现在为止还没有 SOS 工艺的器件，国产 CPU 和 FPGA 的特点是其单片芯片工作的功耗较大，工作电流达到了 100 mA 左右，而且随着 FPGA 的进一步发展，对工作电流的要求更高，这就给大规模 CMOS 集成电路国产 CPU 和 FPGA 的抗闩锁设计带来了问题，不能完全采用中、小规模 CMOS 抗闩锁设计的方法。

①传统的 CMOS 闩锁防护技术

CMOS 锁定是由输入、输出或电源过压触发寄生 4 层双机结构而产生低阻抗状态，此状态下维持新产生的电流。根据 COMS 电路锁定触发的机理，锁定触发有以下几种类型：电源端过电压触发锁定，输入、输出端电流触发锁定，单粒子事件（在轨运行）触发锁定。

CMOS 电路不产生锁定的理想条件为：$V_{CC} \leqslant V_{CCmax}$；$V_{CC} \geqslant V_{in} \geqslant V_{SS}$；$V_{CC} \geqslant V_{out} \geqslant V_{SS}$。

传统的抗闩锁措施主要是针对电气感生的闩锁，其要点包括：输入输出采用二极管进行电压钳位，消除外部触发条件；电源供电采用串联电阻进行电流限流，力求消除闩锁维持条件；系统采用 ON/OFF 指令控制，提供解除闩锁措施，输出接口不采用 CMOS 器件，而采用差分传输。

由于空间电子设备上 CMOS 电路不仅面临电气闩锁，还面临着单粒子闩锁（辐射闩锁）。单粒子闩锁触发的过程与电气闩锁存在一定的差异性，这种差异性决定了上述措施中限流保护是尤为重要的，这也是目前比较流行的措施。

②CPU 和 FPGA 闩锁防护技术

CPU 和 FPGA 抗闩锁设计包括两个方面的内容：一是防止锁定产生的设计，即 FPGA 满足不产生锁定的理想条件；二是产生锁定后不损坏 FPGA 的防护设计，即由于单粒子事件触发锁定后 CMOS 电路进入锁定状态，工作电源加以限流，停电后重新启动，系统恢复正常工作。防止锁定产生的设计主要是针对电气感生的闩锁，采用传统的抗闩锁措施就可以解决。

③CPU 和 FPGA 闩锁后的恢复技术

针对单粒子事件触发锁定后怎样使系统恢复正常工作，对大电流的 FPGA 除了采取合适的电阻进行限流外，还应采取以下两条措施：

1）针对 CPU 板中使用的 CPU 和 FPGA 类，由于 CPU 板的 CPU 和 FPGA 决定了军用嵌入式计算机系统的内存管理［包括检错纠错（EDAC）功能］和控制、I/O 管理，若发生该故障，计算机将会死机，而计算机的硬看门狗会使计算机复位，或启动自主切换流程，使计算机切换到备机工作状态，计算机恢复正常工作。

2）针对其他功能板 FPGA，CPU 在每个控制周期，访问该 FPGA 的功能寄存器，若该寄存器的功能正确，则 FPGA 未发生闩锁，否则该 FPGA 出现故障，有可能是闩锁，此时，应将备机开启工作。

（8）元器件的降额设计

元器件工作时受到的应力直接影响其自身的失效率。需要重点关注的问题包括：

1）元器件降额的基础应是厂家给出的额定参数，设计人员应充分了解所使用元器件的各项参数，降额要全面，不能只对一种参数进行降额。温度特性是影响元器件性能与寿命的核心要素，降额时不能用元器件的壳温代替结温。

2）瞬态应力问题，在分析降额系数时不但要考虑稳态，还要考虑动态与瞬态两种情况下的降额。

3）由于辐射效应会引起元器件参数衰退，因此在考虑辐射效应分析结果的基础上还应进一步降额。

3.3.9　工艺保障性设计

工艺保障性设计主要是指在设计时还必须熟悉和遵守相关的军用工艺标准，在此基础上考虑布局散热性、焊点的合理可靠性、连接器引出点的冗余性、调试方便性以及试验过程的测试覆盖性等。需要关注的问题包括：

1）CAD 布线时，要将热量大的元器件靠近边框并分散布局，印制件上引出线的焊点要留有备份，一个焊点焊接导线数量不能超过 2 根（标准规定）；敏感信号走线要按照 CAD 规范特殊处理；布线层数、孔径、线条宽度等参数选择不但要遵循 CAD 布线规则，更要符合印制板生产工艺的实际能力。

2）在进行机箱电缆走线及连接器接点信号分布定义设计时，要区分导线信号的性质，分类捆扎，需要屏蔽的信号线一定要采取双绞或屏蔽工艺进行处理，而对外连接器的引线点尽可能设计为冗余双点双线。

3）设计中要考虑调试的方便性和可实现性，如板上频率测试点、电源、地线测试点的设置等。

4）设计中还应考虑到试验过程测试的快速性、覆盖性和操作的简单性，必要时可以附加简单的测试逻辑和专用测试软件等。

3.3.10　电磁兼容性设计

电磁兼容（EMC）技术是一个正在不断发展的新的综合性学科领域，定义为："电磁兼容是研究在有限的空间、时间、频谱资源条件下，各种用电设备（广义的还包括生物体）可以共存，并不致引起降级的一门科学。"电磁环境包括空间、时间和频谱三个要素。

电磁兼容技术包括 EMC 设计技术、EMC 试验技术、EMC 预测技术和 EMC 管理技术。形成电磁干扰，下列 3 个因素必须同时存在：释放电磁能量的源，对源的电磁能量产生不正常响应的敏感器（也称接受器），能够把电磁能量从源耦合到敏感器的通路。EMC 设计的目的就是要想方设法降低设备自身的无用发射，避免给周围设备带来干扰和污染环境，同时也要提高自身的抗干扰能力，防止设备本身受到干扰。

对于一个航天器来说，进行 EMC 设计的工程实施必须严格按照电路板级设计、设备分系统设计和系统设计三个层次同时进行。而对于计算机等电子产品而言，重视元器件选择、材料选用和基本电路设计是关键，这也是一个电子设备实现其功能、性能要求的前提条件。如果设计不当，设备自身就可能发生自激振荡、互相串扰、误动作或精度达不到要求。

（1）二次电源的滤波

军用嵌入式计算机系统一般通过 DC/DC 变换器进行二次电源变换。二次电源的品质直接关系到计算机系统的电磁兼容性和性能稳定性，而采用正确的滤波是抑制传导干扰最有效的手段。特别是对于瞬态干扰，其作用是限制带宽、提高抗干扰能力和减少干扰周围环境的可能。开关电源变换器是窄带谱噪声的天然产生器，这些噪声将会出现在开关频率的基频及其高次谐波上。这种频谱的噪声为差模和共模两种分量。差模噪声是一种常态噪声，它出现在输出端及其回线之间，共模噪声出现在每条输出线和参考地之间。

为消除噪声，在一次电源输入端和输出端采取大电容和小电容并联，抑制输入输出的高频和低频干扰，并配置与此 DC/DC 相配套的 LC 滤波器。一方面可以有效阻止来自主电源母线的噪声干扰，另一方面可以阻止 DC/DC 电源本身产生的开关噪声反馈到一次母线内阻上。通过试验，在输入输出电源正端和负端分别添加合适量值的小电容至滤波器和 DC/DC 变换器的外壳。这种方法对 EMC 设计特别有效，可使计算机电源纹波大大减小。

（2）线路板的电磁兼容设计

线路板的电磁兼容设计是系统最基本的单元，对系统的影响最直接。线路板走线是主要辐射源，特别是地线和电源线上的噪声最为突出，多层板可以减小辐射。

板层：军用嵌入式计算机系统所设计的印制线路板为 4 层或 6 层板及上板（根据各块板的具体情况而定）。其顶层上布置主要的元器件（集成电路、三极管和二极管等），中间层为电源层和地层（6 层板中间另外 2 层也为信号层），底层上布置表贴电阻和表贴电容。

布局：元器件的布局对于电磁兼容非常关键。由于滤波电容、上拉电阻、下拉电阻要尽可能地离目标元器件近，所以底层阻容的布局要随顶层元器件布局的变化而变化。也就是说，印制板最重要的要数顶层元器件的布局安排。

去耦：在印制板的四周每个角落的电源与地之间布置一大一小相并联的电源解耦电容，以提高印制板工作电源的品质。每个器件均配有去耦电容，以抑制传导干扰和辐射干扰，去耦电容采用小型化的表贴电容。由于表贴电容无引线，从而大大降低了分布电容和分布电感，尤其适合于高频传导噪声抑制。

布线：印制板布线时要特别注意，军用嵌入式计算机系统多数为数字电路，数字设备最容易产生电磁干扰发射，在设计时必须考虑干扰发射抑制的问题，严格遵守 CAD 布线规则，否则十有八九满足不了电磁兼容标准的要求，其印制线路板布线要充分考虑电磁兼容问题。

地线：合理的接地可以消除干扰源和敏感对象之间通过地线的耦合。一般情况下，要求分清一次地、二次地、弱信号地、大功率地、模拟地、数字地等。同时，地线的阻抗是造成地线干扰问题的根本原因。地线干扰对电路影响最大，如接地线很细，接地电位则随着电流的变化而变化，致使电子设备的定时信号电平不稳、抗噪声性能变差。设计一个“好地线”的主要目的是减小地线阻抗，防止公共阻抗上的噪声，采用一层印制板为地层以使地线具有很小的地线阻抗。

接地点：对于低于 1 MHz 的频率来说，优选单点接地。当信号工作频率大于 10 MHz 时，地线阻抗变得很大，此时应尽量降低地线阻抗，采取就近多点接地。接地点尽量短而粗。信号线布局要求其与地线的距离最短，对于较高频率的信号线要尽可能减小环路的面积，对于高速数据接口采用差分电路来隔离和抑制共模干扰。

（3）整机电磁屏蔽设计

屏蔽的目的是消除由于杂散电容引起的静电耦合通道。任何两个带电体之间都存在着杂散电容，如两根导线之间、机箱与元器件之间、设备与设备之间等。

1）电源模板应封装在一个相对密闭的壳体内，然后与整机其他模板统一安装。

2）箱体侧板拼装应采用凹槽咬合结构，中间涂抹导电胶。

3）外连接插件应为密封型且插头插座插合部位外壳为金属材料，能够紧密接触无缝隙。紧固螺钉或铆接螺钉之间的间距越小越好。

4）箱体侧臂的厚度在不影响重量与空间尺寸的条件下要尽可能厚。

5）机箱表面可以涂敷对电磁脉冲具有反射功能的特殊材料（如七七一所专利技术—镍磷复合渡层），或增加表面的粗糙度。

6）箱体各个部位的对外接壳点之间电阻尽可能小且一致。

7）机箱上每个连接器上都保证具备一个接壳连接点，且该点与机壳之间的连接距离越短越好，之间的电阻应≤10 mΩ。产品试验时机箱必须接地，否则，机箱就提供了干扰传输通道。

8）对于机箱内部的线束或连接电缆来说，如果把敏感设备的输入线和含有脉冲的信号线捆成一束，这两根线之间的分布电容会在敏感设备中引入脉冲信号跳变沿的毛刺干扰。解决的办法有：

a. 把电缆拆开，分开走线，减少此电容；

b. 用屏蔽线将敏感输入线屏蔽，并将屏蔽层接地，消除此耦合通道；

c. 将引入敏感设备的信号线和其回线双绞可以减小敏感面积，最好将敏感信号线和回线进行双绞后再加屏蔽。

3.4　军用嵌入式计算机降额设计中应注意的问题

军用嵌入式计算机的降额设计也是可靠性设计的重要内容，降额设计是否合理，直接影响着产品的质量。如果降额设计不合理，元器件将受到过高电应力、热应力的作用，长期处于过高电应力、热应力作用将使元器件的性能加速退化，使产品使用寿命缩短。近年来，随着质量管理与控制程序的不断完善和进步，各级人员质量意识不断提高，传统的低层次产品质量问题大幅下降。但对近年来所出现的型号产品质量问题仔细分析可以发现，所发生的质量问题中所表现出的主要问题是设计裕量不足、降额设计未达到要求，尤其是电容选用设计及使用过程问题突出。究其原因是设计师对降额设计理解不到位、防护性设计意识不足，使用过程也未关注使用条件造成的。下面就实际设计过程中降额设计容易疏漏或考虑不周的问题进行归类，希望能系统化地帮助提高大家的相关认识，纠正研制生产过程的不合理做法，提高产品设计质量，降低产品质量问题的发生频次。

军用嵌入式计算机是型号产品的一种，关于元器件降额设计，军用嵌入式计算机与所有型号电子产品遵守的准则是一致的，并没有特殊区别。

3.4.1 型号产品降额设计的基本内容

型号产品元器件降额要求必须依据 GJB/Z 35—1993《元器件降额准则》、GJB/Z 299C—2006《电子设备可靠性预计手册》等标准，结合实际应用情况提出了降额设计的补充要求。补充要求明确了降额设计的依据，提出了降额设计中需要注意的的问题，规定了降额等级，确定了降额设计准则和降额设计要求，分别从微电路降额设计、半导体分立器件降额设计、晶体降额设计、电阻器降额设计、电容器降额设计、熔断器降额设计、电连接器降额设计、导线与电缆降额设计、机电继电器降额设计、开关降额设计、固态继电器降额设计、滤波器降额设计、印制板降额设计、感性元件降额设计等环节，对其相应的失效率模型和降额设计要求进行了详细描述。同时，规定：在执行本降额补充要求时，型号总体有规定的按总体要求进行，没有规定的按本降额补充要求进行。

虽然这些降额设计的要求非常明确，但实际的产品设计是多学科知识综合运用的过程，随着设计人员的工程经验与技术基础不同，其技术知识的全面性和综合运用标准和规范的能力差距很大，导致实际设计过程中问题很多。本书重点从工程设计实际出发，结合普遍存在的相关问题及其多发的原因进行阐述。

3.4.2 型号产品降额设计中存在的问题

（1）电源瞬态功率降额问题

随着产品小型、高速、高密度集成化的发展，电源需求已经由传统的一次 DC/DC 变换向二次 DC/DC 变换发展。多电源品种供电已成为一种趋势，这种趋势导致电源回路电容增加、浪涌电流增大，同时上电过程即开始工作需要提供大电流，而原来提电源设计指标时一般按照静态和动态估算的指标进行，几乎未考虑瞬态电流需求，导致电源瞬态供电能力不足。最典型的特征就是在电源上电爬升过程中存在台阶现象，使多个产品出现上电加载或启动工作不正常。因此，应充分考虑上电瞬态电流的满足性需求。

经过多个型号产品实际测量，一般上电瞬间复位期间，FPGA 加载过程中有持续几十毫秒宽 2～4 A 的电流需求，如果电源无法供出电流，会导致 1.8 V、2.5 V、3.3 V、5 V 等出现上电突跳、台阶，甚至造成复位异常或重复加载。

（2）电源输入接口降额问题

电源输入接口降额问题主要在以下 3 个方面：

1）AC/DC、DC/DC 电源输入电压范围只考虑任务书给出的范围（如±10%），而未考虑特殊情况并留裕量，导致输入耐压范围太小而不满足多种实际环境现场；

2）输入接口电容耐压指标选择未考虑绝缘测试时打高压的指标降额；

3）输入滤波措施不满足电磁兼容性试验条件。

（3）可编程器件驱动能力降额问题

可编程器件驱动能力降额问题重点包括：

1）可编程器件输出管脚电平幅度误认为等于或接近 V_{CC} 电源幅度，实际上相差很大；

2）可编程器件（PAL、GAL）的输出管脚未接上拉电阻，不能保证电平幅度符合标准；

3）FPGA 管脚输出状态配置被忽略，导致输出状态不可控，甚至出现误动作。

（4）单器件动态功率降额问题

同一驱动器或 OC 门器件等多路同时输出相同频率及相位的时钟或脉冲信号，导致该器件瞬态功率超标、降额不足而损坏，同时引起电源地线波动而对系统造成强干扰，增大了系统内部的耦合干扰。

（5）电容耐压降额问题

电子产品中电容器大量使用，设计选用中存在的问题突出表现在以下 3 个方面：

1）对特殊测试条件下所加的电压计算考虑不周，如电源输入输出端的电容耐压值不能满足抗电强度或绝缘测试时所施加的电压而导致击穿失效；

2）对电容容量及耐压随温度变化趋势与特性认识不到位，即电容器的容值在环境温度超过 85 ℃后发生性能下降或失效，导致机箱内环境温度过高时，与电容器容值有关的参数偏离设计指标而出现功能性能异常；

3）实际测试中不注意，使万用表测试表笔接反导致电容反向电压超标而损伤，这种隐性损伤一般无法当时就有表现，但会随时间加长导致性能退化而失效。

（6）电阻功率降额问题

电阻功率降额问题主要是忽略了电阻功率计算和极限条件下电阻所承受的功率应力。忽略了电阻随温度变化其负载特性也会发生急剧变化的特性要求，不同工艺材料的电阻其温度拐点各不相同（有的还没有电容拐点温度高），错误地认为电阻负载特性是一条直线。这些疏忽就是导致电子产品高低温条件下出现功能性能偏差或不稳定的直接根源。

（7）PCB 印制线功率降额问题

PCB 印制线功率降额问题主要表现为未计算印制线所流过的电流，未对印制板 PCB 设计线宽、路径提出要求，也未复核 PCB 结果，导致过孔、线阻增大，使信号衰减，或印制线发热、变色，甚至熔断。对流过大电流的过孔未进行双孔冗余。

（8）整机产品温度降额问题

该问题在大多数型号产品上普遍存在，即：

1）未对整机机箱内部在不同温度环境条件下的温升进行测量，未对散热提出针对性工艺措施，也未对高低温条件下整机性能精度指标发生变化进行分析并采取针对性措施；

2）计算产品温度降额未能正确理解环境温度、机箱内温度与器件壳温及结温的相互关系，概念不清，导致设计措施不到位。

（9）继电器、SiP 模块等振动应力降额问题

有一些整机中用到继电器、SiP 模块、电源模块或体积大且重量也较大的器件，在结构设计时未对印制板上的振动应力分布进行分析，也未对这些应力敏感器件的布局或减少应力的相应措施给出规划，更没有在结构设计时采取特殊的局部减振措施，未对工艺提出减振加固要求，导致这些器件在振动试验中由于应力集中而功能失效或引脚断裂。

（10）同产品中电源与逻辑设计降额等级不一致问题

同一型号产品的电源设计、逻辑印制板设计和结构设计等环节应遵循同一型号的降额准则。实际过程中电源设计和结构设计可能分属不同设计部门，他们未关注型号总体要求，整机抓总单位在电源分任务书中未明确降额等级要求，也未审查降额设计结果，导致设计结果差异大。电源设计已发生多起电容选用设计降额不满足型号降额要求的事件。

3.4.3 降额设计应注意的事项

（1）降额等级的确立要符合要求

降额设计的目的是通过限制元器件所承受的应力从而降低元器件的失效率，以提高产品的可靠性。通常，元器件有一个最佳降额范围。在此范围内，元器件工作应力的降低对其失效率的下降有显著的改善，产品的设计易于实现，且不会在产品的重量、体积、成本方面付出大的代价。

应按产品可靠性设计要求、设计的成熟性、维修费用、难易程度、安全性等要求，以及对产品重量和尺寸的限制等因素，综合权衡确定其降额等级。在最佳降额范围内，推荐采用三个降额等级。

1）Ⅰ级降额。Ⅰ级降额是最大的降额，对元器件使用可靠性的改善最大。超过它的更大降额，通常对元器件可靠性的提高有限，且可能使产品设计难以实现。

2）Ⅱ级降额。Ⅱ级降额是中等降额，对元器件使用可靠性有明显改善。Ⅱ级降额在设计上较Ⅰ级降额易实现。

3）Ⅲ级降额。Ⅲ级降额是最小的降额，对元器件使用可靠性改善的相对效益最大。但可靠性改善的绝对效果不如Ⅰ级降额和Ⅱ级降额。Ⅲ级降额在设计上最易实现。

在实际的降额设计过程中，与规定降额值间的小偏差，通常对元器件工作失效率不会有大的影响。允许偏差值原则上应由该参数与该元器件工作失效率关系曲线上在该工作点的变化率及其对可靠性的影响来决定。在采取措施解决降额不足问题时，要仔细权衡利弊得失，不要引进新的不可靠因素。

与此同时，在实际降额设计中，由于条件的限制，降额等级不是绝对的。随着产品寿命的长短、设备的重要性、冗余设计及元器件采购情况等具体条件的不同，可以根据任务书或技术条件的要求作适当调整，但必须履行审批手续。

（2）降额设计要考虑全面、科学

①确保稳态参数的降额

稳态参数一般指额定电压、电流、功率、工作频率、振动量值等。在电应力中，功率、电流等最终都是以热（温度）的方式影响元器件的失效率。因此，工作温度及影响温度的应力是降额设计的重点。

②要关注瞬态应力的降额

1）某些应力（例如电压、二次击穿安全区）瞬时超过允许值就会损坏元器件；

2）元器件的材料、工艺及结构的缺陷造成其性能不均匀，瞬态应力可造成局部应力集中而使元器件损坏；

3）瞬时大功率（或大电流）作用下，元器件来不及散热，处于绝热状态，可能造成局部过热而损坏元器件。这种情况下，元器件的热容量起作用，瞬态应力作用时间越短，允许值越大。

③重点考虑温度降额计算方法

电子设备实际安装条件下的额定功耗取值方法：

1）半导体集成电路、小功率二三极管、小功率电阻器等，一般额定功耗取元器件手册给定值，但是必须采取合适的散热措施，否则温度仍可能超标（实际热阻往往大于手册值）。

2）大功率元器件当实际散热条件与手册规定条件相差较大时，必须按规范中相关章节所述的方法计算实际安装条件下的额定功耗，在此基础上降额。否则，功耗、温度都可能超标。

壳温与环境温度的取值方法：一般情况下，元器件手册上给出的功耗与温度曲线都是指环境温度。在真空中已无环境温度这个概念，因此，在真空中使用时要充分考虑两者的差别。为简化计算，一般情况下在真空中以安装面温度为环境温度。壳温由热分析或热平衡试验求得，在功耗较小时可由表 3-1 近似计算壳温。大功率元器件要计算安装底座（即外壳）至安装面间的热阻，再由安装面温度及功耗求得壳温。一般情况下，电容器壳温即为板温。高损耗工况，则由热分析或热平衡试验求得壳温。

表 3-1　半导体集成电路、中小功率半导体分立器件壳温估算

功耗 P	$P \leqslant 50$ mW	50 mW $< P \leqslant 100$ mW	100 mW $< P \leqslant 200$ mW	200 mW $< P \leqslant 300$ mW	$P > 300$ mW
普通双面板	板温 +5 ℃	板温 +10 ℃	板温 +20 ℃	由热分析或热平衡试验得到	
有地线层的多层板	板温 +3 ℃	板温 +5 ℃	板温 +10 ℃	板温 +20 ℃	由热分析或热平衡试验得到

注：板温指安装点板上温度。

④不能忘记故障（或保护）模式下的降额

为了防止故障扩散，在故障（或保护）模式下也必须满足降额要求（可适当放宽），除非有其他防止故障扩散的措施。

⑤降额要做好最坏情况分析

元器件额定值选取时要进行最坏情况分析，要考虑温度、时间、辐射等引起的参数变化。例如，额定值要选取全温度条件下的值，不能选取常温下的值。

⑥星船产品要考虑辐射效应

除辐射造成的参数漂移及性能变化外，还要考虑抗辐射要求的附加降额。例如，功率MOS管抗单粒子烧毁安全工作区对V_{GS}、V_{DS}的降额要求等。

⑦机械应力的降额不能忽略

电子设备机械应力一般由热变形、不当安装及冲击、振动产生。要特别重视元器件实际安装位置的振动放大效应。元器件实际受到的振动量级应由力学分析或振动试验时测量得到。

⑧低气压真空环境对降额有特殊要求

对降额设计来说，低气压的主要问题是放电及引起某些元器件工作状态的变化。非密封舱中，在发射阶段通电的电子设备，会有一段时间处于低气压工作状态。设计时，必须考虑低气压放电问题。必要时，要降低工作电压或增大带电元器件或设备间的距离。

气密封装的元器件随着在轨工作时间的延长，因泄露会造成内部低气压。其典型代表是电磁继电器和管状熔断器。低气压状态会加剧触点电弧，重载继电器（触电电流较大）若触点电流降额不足，在低气压下切换可能造成触点损坏。管状熔断器因泄露而使熔丝冷却条件变差进而使熔断电流变小。

⑨不能无限制降额

1）有些元器件参数不能降额，必须保证额定值。

2）不能无限制降额，有以下几个原因：

a. 过度降额会过多地增加质量成本；

b. 过度降额时可能增加使用的元器件数，或使用新研制的器件，反而会使产品可靠性下降；

c. 过度降额可能引入新的失效机理，例如，继电器触点电流、电压过度降额会改变接触电阻值，使接触不可靠。

⑩降额设计中的折中考虑方案

元器件的不同参数对失效率的影响是不同的，降额设计要抓住主要矛盾。当全面降额难以实现时，应抓住主要矛盾，进行折中考虑，要论证充分并履行有关审批手续。不能忽视元器件的质量等级降额，必须根据产品可靠性要求选用相应质量等级的元器件，不能用降额补偿的方法解决低质量等级元器件的使用问题。

3.4.4 具体参数降额设计中应注意的问题

（1）电源瞬态功率降额

整机主任设计师应根据整机逻辑组合，向电源设计师提出各路电源的静态功耗、动态功耗和瞬态功耗的估算值。一般指标裕量为30%，再由电源设计师根据专业理论计算并留取一定的工程裕量。

（2）电源输入接口降额

电源输入接口所采取的滤波措施一定要考虑一次电源启动时或系统大功率设备启动所引起的瞬态掉电的抑制，输入接口所用电容尽可能采取串联方式，同时电容的耐压范围要考虑系统或单机绝缘试验所加的最大电压，并在此基础上降额。

（3）可编程器件驱动能力降额

逻辑设计中，对输出管脚采取上拉电阻，保证电平幅度，或者串联阻抗匹配电阻，减少信号反射；同时，对 FPGA 管脚的 I/O 特性确保配置到位，确保器件相应速度与总线操作速度有足够裕量。如果临界或相等，必须进行专项分析。

（4）单器件动态功率降额

采用多路驱动器进行信号驱动时，如 54HC244 或 54HC06、54HC04 等，要避免多路同时输出相同脉冲信号的状况，以免器件 V_{CC}、GND 管脚过电流，同时还可能在脉冲边沿使电源或地线产生尖峰，造成其他逻辑异常。

（5）电容耐压降额

电容因其工艺的特殊性，容易受到过压、浪涌电流损伤，同时由于使用温度的升高，其电容值会急剧下降，因此，耐压降额必须确保Ⅰ级降额。如有可能，耐压值应尽可能高，且容量值应在满足需要容量的基础上给予适当提升，以确保高温下电容容值变化后还能满足指标要求。电容容值降额应以所承受的最高极限电压进行计算，其随温度的变化趋势如图 3-4 所示。

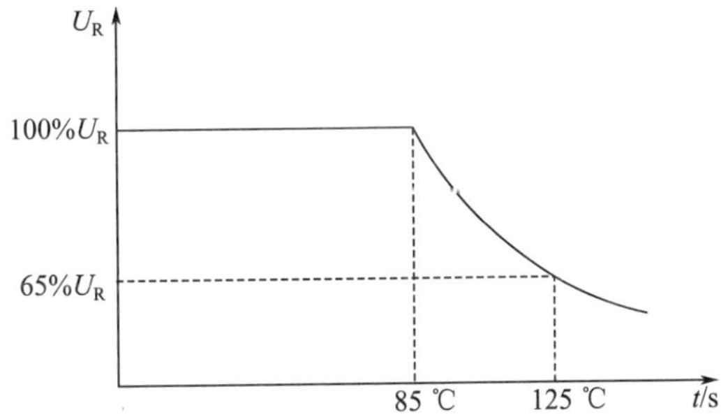

图 3-4　电容容值随温度变化趋势图

（6）电阻功率降额

电阻降额应按照最大瞬时功率选取，并满足Ⅰ级降额要求；同时，对阻值的选取要参照电阻材料，考虑电阻随温度变化的变化趋势。

（7）PCB 印制线功率降额

对于具有瞬时大电流的电源走线，要尽可能不走过孔，如果必须走过孔，必须多打孔，避免过孔电阻引起电源或信号电平的衰减；对于大电流的信号线，要确定走线的线宽和厚度，确保大电流流过对印制线无损伤，否则应采取飞线的工艺措施。

（8）整机产品温度降额

整机产品温度降额，主要要求对整机在正常装配下、在最高试验温度条件下长时间工作时，机箱内的实际温度必须测量是否超过 80 ℃，如果是，则应对所选电容、电阻的指标参数进行重新复核。

（9）继电器、SiP 模块等振动应力降额

如果印制件上有继电器（尤其是机械触点继电器）、SiP 模块或电源模块等大型器件时，一定要求结构设计师对印制件应力响应进行分析，对这些器件的布局位置给出建议。必要时，采取局部减振设计，或通过工艺采取特殊措施，尽可能减少器件的应力强度。

（10）同产品中电源与逻辑设计降额等级不一致

电源设计一定要确认整机及系统对降额的等级标准要求，整机设计师应将该要求明确写入任务书，并对电源设计结果进行审查。

通过降额设计所暴露问题的分析和交流，能够引起各位设计师的足够重视，自觉加强降额设计标准的应用和设计结果的审查，减少产品出现质量问题的概率，提高设计水平。

3.5 弹载串行通信接口可靠性设计

串行通信作为导弹系统设备间进行互联与点对点信息交换的途径被大量使用。根据导弹型号总体方案和串行通信接口在系统中的功能、性能和用途，一般弹载计算机串行通信接口类型主要分为以下 4 类。

（1）RS－232 通信接口

该接口一般用于早期武器型号的地面测发控系统与弹上各系统的通信，或者同一系统内部不同部件之间的通信。其特点是通信距离短、通信传输速率低、抗干扰能力弱。为了提高抗干扰能力和增加传输距离，该接口的电路形式一般采用弹载非平衡驱动光耦隔离 RS－232 接口。

（2）RS－422 通信接口

该接口一般用于新研武器型号的地面测发控系统与弹上各系统通信，或者同一系统内部不同设备、部件之间的通信。其特点是通信距离远、通信传输速率高、抗干扰能力强。该接口的输入输出电路形式一般采用弹载平衡驱动 RS－422 接口。

（3）高速 DMA 通信接口

该接口一般用于系统内部部件之间的通信。其特点是通信距离短、通信传输速率高、通信实时性强、传输信息量大。一般情况下，DMA 控制功能是由主 CPU 内部拥有的 DMA 接口或者由专用控制逻辑组合来实现。该接口的输入输出电路形式一般采用弹载非平衡驱动光耦隔离 RS－232 接口或者采用弹载平衡驱动 RS－422 接口。

（4）数字遥测串行通信接口

该接口一般是弹上设备连接遥测系统的专用通信接口。其特点是通信距离短、通信传输速率高，并且需要遥测请求应答信号配合。一般接口的输出方式为 RS－232 通信接口或 RS－422 通信接口。该接口的输出电路形式一般采用弹载非平衡驱动光耦隔离 RS－232 接口或者采用弹载平衡驱动 RS－422 接口。

3.5.1　设计准则

弹上系统与地面系统的串行通信接口设计准则如下：

1）接口设计满足任务书的要求；

2）弹上系统接口设计满足弹载嵌入式计算机环境的要求，地面系统接口设计满足地面电子系统应用环境以及与弹上系统对接的技术、环境条件要求；

3）接口使用安全、可靠，满足传输距离及低误码率的要求；

4）接口连接应保证相互之间电气特性影响最小。

由于串行通信接口一般用于设备与设备或系统与系统之间进行数据信息交换，接口的安全性、可靠性是关键，而影响关键特性的核心问题是通信接口的电源供电及接口电气连接模式。

所有产品的串行接口设计应首先重点考虑在测试、试验和使用中本产品以及串行通信接口对方互连产品的供电方式采用直流电源还是交流电源供电。直流供电系统之间的串行接口一般不会出现安全问题，而在直流与交流供电系统设备之间的串行通信接口，客观上存在着较严重的不安全因素，是设计中应重点解决的问题。

在武器系统中，一般情况下，交流供电设备多集中在地面测试系统，弹上设备一般为直流供电。弹地之间的串行通信接口设计时应特别注意，遵循的原则是：弹地系统之间串行通信接口，应确保地面测试系统交流地、安全地与弹载计算机信号地完全隔离。

3.5.2　设计方法

按照武器系统的组成与连接使用方式，串行通信接口一般可以分为 3 种情况，即弹上系统设备之间的串行通信接口、地面系统设备之间的串行通信接口和弹地系统之间的串行通信接口。不同的通信接口其设计方法、技术要求与特点各不相同，具体设计时可以参照以下要求进行。

（1）弹上系统设备之间的串行接口设计

弹上系统设备之间的串行接口设计的前提条件是系统提供直流电源。按照各型号任务书和弹上系统设备之间通信安全性、可靠性的要求，弹上系统设备之间的串行接口设计确定为以下形式：

1）弹载非平衡驱动光耦隔离 RS－232 接口；

2）弹载平衡驱动 RS－422 接口；

3）弹载平衡驱动光耦隔离高速 DMA 通信接口；

4）弹载数字遥测通信接口。

①弹载非平衡驱动光耦隔离 RS－232 接口

弹载非平衡驱动光耦隔离 RS－232 接口的特点是发送端驱动并具有长线驱动能力，接收端隔离并具有抗干扰能力。弹载非平衡驱动光耦隔离 RS－232 接口逻辑如图 3－5 所示。

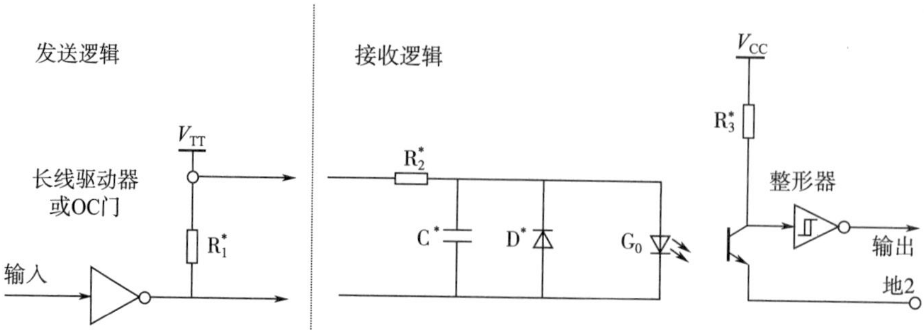

（a）方案 1

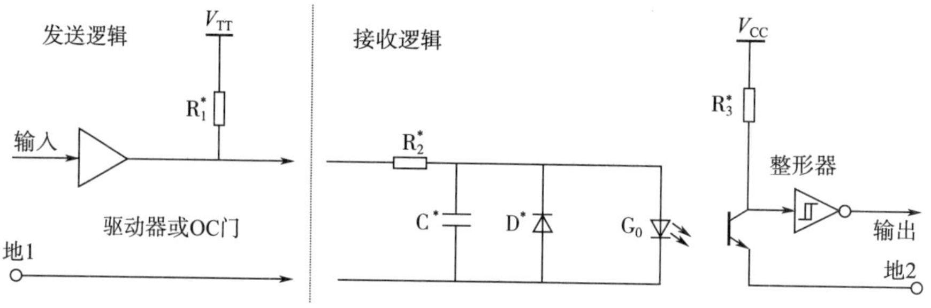

（b）方案 2

OC 门—发送逻辑驱动器（也可以换为专用长线驱动器，如 KG24 等）。

V_{TT}—发送逻辑电源电压，可以为 5～15 V。

C^*—滤波电容器，根据通信波特率进行调整；当波特率较高时，该电容器应换为电阻器。

D^*—高频二极管，如 2CK 系列等；有时根据需要，可以将该二极管换为可调电阻器（此时在方案 2 中 R_2^* 可以取消）。

G_0—光电耦合器，根据通信波特率及驱动电流进行选择；光耦的传输速度应是实际传输速率的 3 倍以上；传输距离远时，应选择驱动电流大的光耦。

R_1^*、R_2^*、R_3^*—可调电阻器，根据驱动电流、抗干扰能力和光耦的传输特性进行选择和调整。

整形器—施密特反向器（如 HC14 等）。

图 3-5　弹载非平衡驱动光耦隔离 RS-232 接口逻辑图

在图 3-5 的两种方案中，建议采用方案 1。一般情况下，当发送逻辑驱动器不是专用长线驱动器时，弹载光耦隔离 RS-232 接口只能用于传输距离小于 20 m、传输速率小于 38.4 kb/s 的系统之间信息传递。如果传输速率大于 38.4 kb/s，且小于 614.4 kb/s 时，其传输距离不能大于 1.5 m，且传输线必须双绞。但当发送逻辑驱动器是专用长线驱动器时，弹载光耦隔离 RS-232 接口可用于传输距离小于 200 m、传输速率小于 38.4 kb/s 的系统之间的信息，传输距离随着传输速率的提高而相应缩短。

此接口中的关键技术是根据传输距离及其传输速率对光电耦合器的选择以及与之对应的匹配电阻器的调整。当传输距离长时应使传输线上的电流大一些，传输速率较高时光耦的传输速率（典型测试频率）应是实际传输速率的 3 倍以上。

②弹载平衡驱动 RS-422 接口

弹载平衡驱动 RS-422 接口根据系统的具体情况可以选择隔离与不隔离两种方案。

1）隔离方案。隔离 RS-422 接口是指发送器或接收器所使用的电源与各自主机（或主 CPU）电源的地相互隔离，发送与接收逻辑如图 3-6 所示。

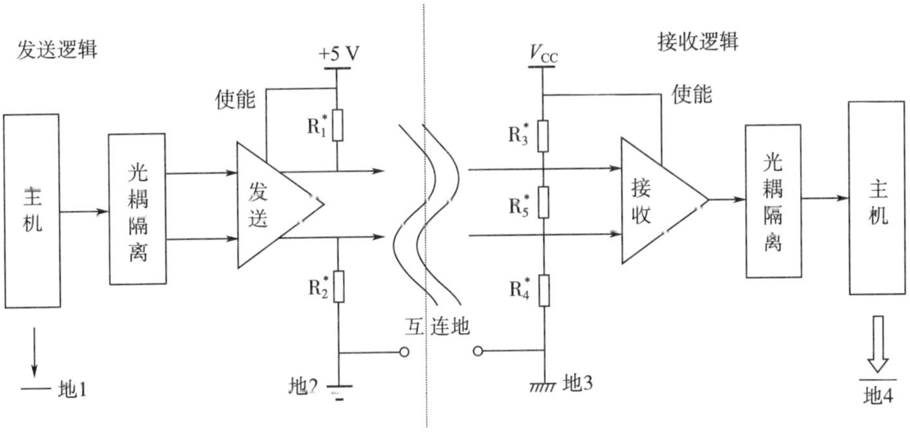

图 3-6　隔离弹载平衡驱动 RS-422 接口的接收与发送逻辑

在图 3-6 中，有以下结论：

a. 隔离加在差分发送之前和差分接收之后；

b. 发送驱动器与接收器要配对使用，光耦可以根据通信波特率进行选择，光耦的传输速率应是实际传输速率的 3 倍以上；

c. 保护电阻器 R_1^*、R_2^*、R_3^*、R_4^* 根据系统环境状况可以进行阻值调整，其中，R_1^*、R_2^* 为方案可选，而 R_3^*、R_4^* 为保证加电时的初始可靠性，R_3^*、R_4^* 的典型值为 1.5 kΩ，R_5^* 典型值在 150 Ω；

d. 保护电阻器 R_1^*、R_2^*、R_3^*、R_4^* 根据系统环境状况可以换为瞬态电压抑制二极管，单向或双向都可以，但是 R_1^*、R_3^* 位置的瞬态电压抑制二极管另一端应接地；

e. 发送与接收逻辑之间的地线在接口之间共模电压小，系统环境较好时可以不互连，否则要互连；

f. 光耦两边 5 V 电源的地线应相互隔离；

g. 接收器与发送器所用的 5 V 电源地线为非个人计算机安全地。

2）不隔离方案。不隔离 RS-422 接口是指发送器或接收器所使用的电源与各自主机（或主 CPU）的电源为同一电源（或电源共地），发送与接收逻辑如图 3-7 所示。

在图 3-7 中，有以下结论：

a. 发送驱动器与接收器要配对使用；

b. 瞬态电压抑制二极管根据系统环境状况，当接口之间共模电压小、系统环境较好时可以不接入，否则要接入；

c. 瞬态电压抑制二极管可以是单向，也可以是双向的；

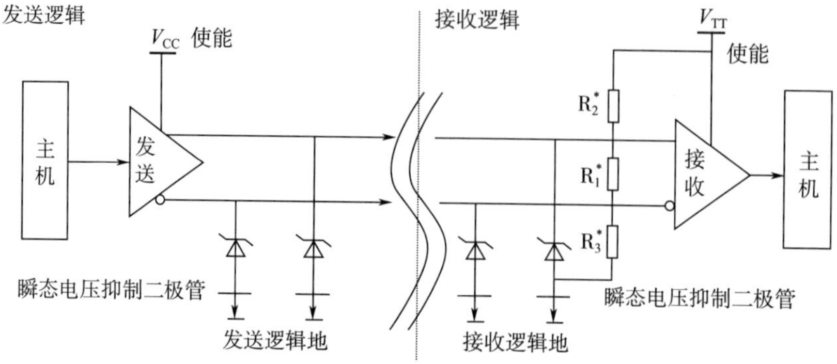

图 3-7　不隔离 RS-422 接口发送与接收逻辑图

d. R_1^* 为线路匹配电阻器，典型值为 150 Ω；

e. R_2^* 、R_3^* 则为保证加电时的初始可靠性，其典型值为 1.5 kΩ。

（2）地面系统设备之间的串行接口

由于地面测试计算机一般都选择个人计算机或工业控制机，而这些产品在地线的连接与处理上往往都有其特殊之处，即数字地与机壳安全地与交流地被共在一起。当交流安全地接地不好的情况下，数字地上将有 110 V 左右的交流电压，甚至数 kV 的瞬态电压，这样会对与之相连的接口造成危害，必须采取对应的措施。

在实际使用中，如果每个设备都能保证安全可靠地接地，这时，任务所要求的串行接口设计完全可以采用“弹上系统设备之间的串行接口”设计方法。但是，实际使用过程中，因各种原因经常出现个别设备接地不良，而造成接口器件的损坏，导致通信出现故障，因此建议地面设备的设计采用平衡驱动 RS-422 串行接口的隔离方案，其发送与接收逻辑如图 3-8 所示。

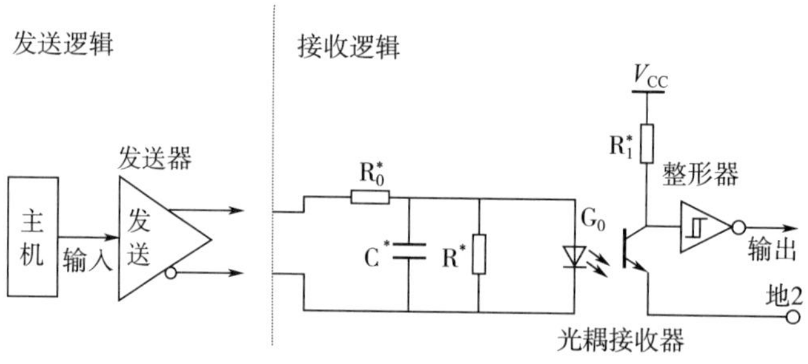

图 3-8　平衡驱动 RS-422 串行接口隔离方案发送与接收逻辑图

在图 3-8 中，有以下结论：

1）平衡驱动 RS-422 串行接口隔离方案是指发送端进行驱动、接收端进行隔离，该种方案也可称为变形的 RS-422 方式；

2）发送器可以为任意型号的差分驱动器，接收器可以为任意型号的光电耦合器，但必须满足光耦的传输速度是实际传输速率的 3 倍以上的要求；

3）C^* 、R^* 、R_0^* 、R_1^* 可以根据光耦 G_0 的型号进行调整，其中 R^* 、R_0^* 用于调整通

过电缆与光耦的电流，C* 或 R* 也可以用保护二极管代替；

4）采用此方案时，要求相关地面测试设备之间的通信必须同时采取，且采用此方案时无须加瞬态电压抑制二极管。

（3）弹地系统之间的串行接口

弹地系统是指弹上系统与地面系统的简称。弹地系统之间串行接口的设计方案是否合理，直接决定着弹载计算机接口的安全性与可靠性，也直接影响着弹上控制等系统的安全性与可靠性，因此在决定方案时必须由系统总体进行统一规划，并事先确定方案，对弹上与地面各个相关设备提出明确要求。

根据其他型号的经验，弹地之间的串行接口出现问题，多数通常是由于地面测试计算机交流地的瞬态高电压引入逻辑地造成的。由于地面测试计算机一般都选择个人计算机或工业控制机，这些产品往往在地线的连接与处理上都有其特殊之处，即数字地与机壳安全地和交流地被共在一起。在交流安全地接地不好的情况下，数字地上将有 110 V 左右的交流电压，甚至数 kV 的瞬态电压，这样会对与之相连的接口造成损坏，因此，在设计弹地系统之间的串行接口时必须给予足够的重视。

根据其他型号的经验，解决这一问题的根本办法是限定地面测试系统中串行接口的设计方法。建议地面平衡驱动 RS－422 接口设计采用电源隔离法或隔离个人计算机法。

①电源隔离法

电源隔离法 RS－422 接口是指地面计算机的发送和接收接口所使用的电源（V_{TT}、V_{SS}）与主机的电源地线（交流地）相互隔离，采用本方案的直接效果是弹载计算机只要按照“弹上系统设备之间的串行接口”要求进行设计，其接口安全可靠。

对于各型号弹地系统而言，只要地面的发送逻辑与接收逻辑严格按照图 3－9 所示进行设计，弹上设备可以不做任何改动就能解决各通信接口存在的安全问题。

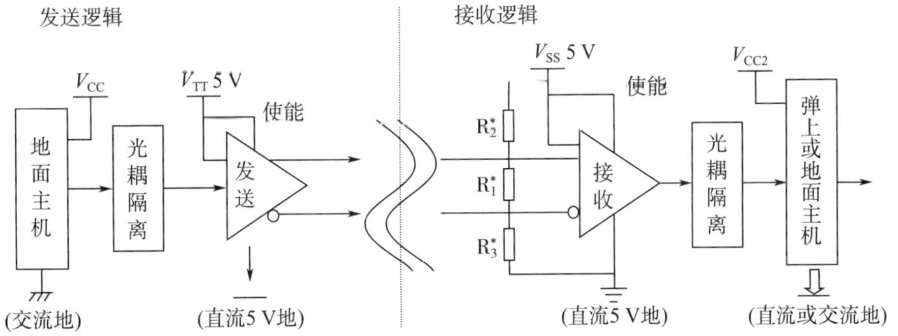

图 3－9　电源隔离法 RS－422 接口发送与接收逻辑图

在图 3－9 中，有以下 6 点要求：

1）发送逻辑是指地面发送接口必须采取的接口形式；

2）接收逻辑是指地面接收接口必须采取的接口形式，弹上接收接口可以采用图中的隔离方案，也可以采用不隔离方案；

3）地面发送逻辑中的发送器与接收逻辑中的接收器所使用的 5 V 电源必须与主机总

线 5 V 主电源的地进行隔离；

4）接收逻辑中的 R_1^* 为线路匹配电阻，其典型阻值为 150 Ω；R_2^*、R_3^* 则为保证加电时的初始可靠性（其典型阻值为 1.5 kΩ）；

5）不论发送器、接收器使用的是 DS96F174、DS96F175，还是其他器件，交流地线都可以按照这一要求进行处理，实现交流地的隔离，否则将会损坏与之相连接的弹上计算机接口和与该地线有关的其他接口；

6）采用此方案时可以不加保护措施。

②隔离个人计算机法

隔离个人计算机法的主要指导思想是：个人计算机不用交流 220 V 供电，而是采用直流供电，避免交流地引入到弹上，即采用直流个人计算机方案。在这一系统中，RS－422 接口可以采用图 3－10 的方案，不用光耦隔离。具体原理如图 3－10 所示。

在图 3－10 中，直流个人计算机是指专用计算机或个人计算机的主机、磁盘、键盘、显示器等外设都是由直流电源供电的。

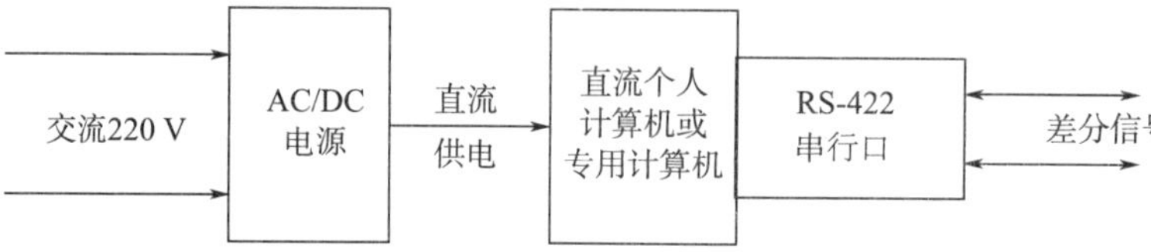

图 3－10　隔离个人计算机法系统原理示意图

3.5.3　接口设计注意事项

接口设计必须注意以下 7 个事项：

1）必须依据产品的任务书，对接口的各种要求进行详细协调；

2）必须明确系统电源的供配电方式；

3）尽可能遵照对方已经存在的接口现状，如果重新设计或更改时，遵守的一般原则是地面接口设计或更改必须满足或服从弹上接口的状态与要求；

4）由于系统产品品种较多，接口方式协调应作为总体在方案实施前重点明确和协调的关键问题，因此必须首先明确；

5）即使按照以上要求进行了设计，但在系统联试中应首先检查是否有其他通路将地面个人计算机的交流地引入到弹上，否则采取的隔离措施是无效的；

6）在任何情况下，如果要对串行接口用示波器等仪器进行测试时，必须保证测试仪器安全接地且安全、牢靠；

7）在系统设计生产电缆时凡是涉及到通信接口的电缆，都必须从导线的材料、长度、屏蔽与双绞等方面参照该通信接口的波特率与接口形式等进行仔细考虑，规范生产和使用电缆，保证通信接口可靠性。

3.5.4　系统常见问题分析及处理

由于串行通信的两个设备工作是异步的，各自支持串行通信的处理器以及工作主频各不相同，甚至实现串行通信的控制器也不一样，同时各自支持的软件也不是由同一个人设计的，因此一般在系统联调过程中遇到的最大问题是串行通信接口匹配不协调。这种不协调的主要因素包括通信波特率差异、信号电平差异、通信协议不匹配和加电次序不同步。

（1）通信波特率差异

一般地，引起波特率差异的因素包括时钟源精度或稳定度差异、数据脉冲经过光耦隔离变换带来的高低电平占空比变化差异、时钟源标称值符合性差异和通信控制器的波特率配置编程准确性差异。在系统联调过程中，这些因素必须事先经过通信设备双方的核对确认，必要时要实际测量。

（2）信号电平差异

不论是光耦隔离接收还是差分传输，被传送的信号电平都必须符合传输接口的电气接口规范要求。比如差分传输时，正负信号电平差值必须大于 200 mV，对方才能可靠接收。如果是光耦接收，则信号电平和驱动电流均必须满足光耦导通正常工作的条件，同时这些指标还必须保证高低温条件下的符合性。一般情况下，正负信号电平差值虽然大于 200 mV，但不一定能使接收端光耦导通。

（3）通信协议不匹配

在通信波特率、信号电平特性等满足设计标准要求的情况下，影响通信正常进行的直接因素是通信协议。由于通信双方的处理器、工作主频不一致，对接口的管理响应速度有差异，更主要的是对确定的信息发送与接收协议的理解和执行的彻底性可能会有差异，这就势必导致特定条件下的通信会出现异常。影响通信协议异常的因素还有，对通信过程中出现出错或异常超时等状况的处理机制或方法有漏洞或差异。这些都必须事先对软件程序进行复查、评测和验证。

（4）加电次序不同步

由于串行通信的设备双方在系统中可能是由同一个电源供电，也可能是由不同的电源供电，不论哪种供电方式，在系统加电启动的过程中，由于两种设备的电源设计不完全相同，电源建立的过程和完成建立的速度也会有差异，因此导致各设备处理器初始化串行通信接口的时间也不会同步完成。这就会造成提前初始化完成的一方因为对方加电或初始化而引起误接收，容易引起双方通信协议混乱而出现异常。

产生这种误接收状态的机理是：加电启动快的一方完成了串口初始化，该接口就已经处于接收任何脉冲的状态，此时，另外一方开始加电，由于电源起电，电平建立，就会导致传输线上产生干扰脉冲，此脉冲在接收一方只要有一个波特率宽度的低电平产生，不论后续是否还有干扰脉冲，就会在处于接收状态的一方形成起始位，从而在接收缓冲器中就会有一个多余的数据记录，接收准备好状态也会置位。这一多余数据如果不处理，就会在通信开始后使通信协议紊乱，导致通信异常。这一现象经常导致全系统测试结果或流程异常。

系统中设备的加电次序与工作同步性无法解决，故解决加电引起误接收这一问题的方法就是在软件设计时增加通信接收接口的“假读”或“空读”功能。即两个通信端在确保双方都加电成功后开始通信前，增加一次对自身接收缓冲器的读操作，读出的数据应放弃，然后进行正常的通信流程。目的是将缓冲器清空，确保通信双方协议不被多余的干扰数据打乱。

3.6 塑封低等级器件在军用嵌入式计算机中的应用技术

半导体集成电路从封装材料类别来分类，一般包括金属封装、陶瓷封装和塑料封装三种。塑料封装器件（PEM）简称塑封器件，是指以树脂类聚合物为材料封装的半导体集成电路。目前塑料封装工艺已经大量应用于高速数字信号处理器、可编程门阵列（PFGA）、大容量存储器（FLASH、RAM）等商用高性能器件的生产中，这些半导体集成电路在功能、性能、外形尺寸、重量和货源保障等方面具有其优越性，也被越来越广泛地用在军用高可靠应用领域。

由于塑封器件的材料特性、封装工艺和适应的环境条件具有其特殊性，这些特性与军用高可靠产品的实际需要还有一定差距，如何保证塑封器件在军用电子产品领域的安全可靠和长期使用，是我们应关注的核心问题。

3.6.1 塑封器件的特性分析

（1）塑封器件的封装材料特性

塑封器件的封装材料采用的是塑料，器件腔体是实心的，即塑料本体与管芯及键合丝紧密接触。而金属封装和陶瓷封装器件的封装材料主要是金属或陶瓷，金属或陶瓷本体与管芯及键合丝不直接接触，属于空腔半导体器件。由于塑封器件是实心的，管芯及键合丝受到塑封材料的直接支撑，其抵抗冲击和振动的能力强，也能够消除引线之间或引线与硅芯片之间的短路，同时不会存在内部可动粒子。

（2）塑封器件的主要失效模式

由于塑料材料的特性，使得塑封器件存在着潮气入侵、耐温性能差等问题。由于这些特性使其具有特殊的失效模式，主要包括封装工艺缺陷失效、焊接工艺缺陷失效、温度应力失效和环境贮存腐蚀失效等。这些失效模式分别对应于生产使用中的不同工序，分析不同的失效模式对制定不同工序的工艺控制措施十分必要。

（3）塑封器件环境条件指标分析

①塑封器件的使用环境温度

一般来说，商用塑封器件按照温度范围可以分为以下 3 种类别，应根据整机产品条件合理选择塑封器件的温度等级：

1）商业温度 0～70 ℃；

2）工业温度－40～85 ℃；

3）汽车温度－40～125 ℃。

②塑封器件的焊接工艺温度条件

塑封器件的装联离不开焊接，其焊接工艺除了手工焊接外，主要采用波峰焊、气相或红外回流焊。这些焊接工艺的温度都在 200 ℃以上，且持续时间较长，通常会持续数秒钟，如果塑料本体存在水汽，在此高温下容易形变开裂。

③塑封器件的环境湿度条件

在产品贮存过程中，塑封器件本体吸收的水汽主要来源于空气。在不同的环境条件下，其空气湿度是有差别的：

1）塑封器件的库房贮存湿度一般不大于 80%；

2）塑封器件的装焊和调试环境湿度一般不大于 70%；

3）塑封器件电子产品的环境试验湿度一般最高可达 98% 以上；

4）塑封器件的军用产品贮存环境湿度一般为 80%左右。

从这些环境湿度条件可以看出，其湿度均大于 65%。

3.6.2　全生命周期中影响塑封器件寿命与可靠性的因素分析

根据综合分析各领域大量的应用、试验和专项研究成果，一般认为塑封器件经过贮存、运输，吸收了一定量的空气中的水汽，在器件受热或受热后冷缩过程中，塑封材料会发生软化并产生形变。管壳材料中所吸附的水分快速汽化导致水汽压力增大，使器件塑料本体膨胀，出现分层剥离和开裂现象，进而导致键合点开裂和引线断开而造成失效。因此可以看出，对于塑封器件来说，影响其长期贮存可靠性的主要因素就是管壳中水汽和管脚镀层破坏后引起的腐蚀，而这些影响因素存在于塑封器件的生产、流通和使用过程。如何减少或杜绝管壳水汽侵入和管脚形变引起镀层破坏，就成为保证塑封器件长期贮存可靠性的主要途径。这就必须在塑封器件的采购、运输、筛选测试、成型装焊、产品试验、防护和贮存等生存周期各个环节进行对应性分析，制定相应的工艺防护措施，才能保证塑封器件的安全可靠和长期使用。

塑封器件产品生存期流程与影响因素分析如图 3 - 11 所示。

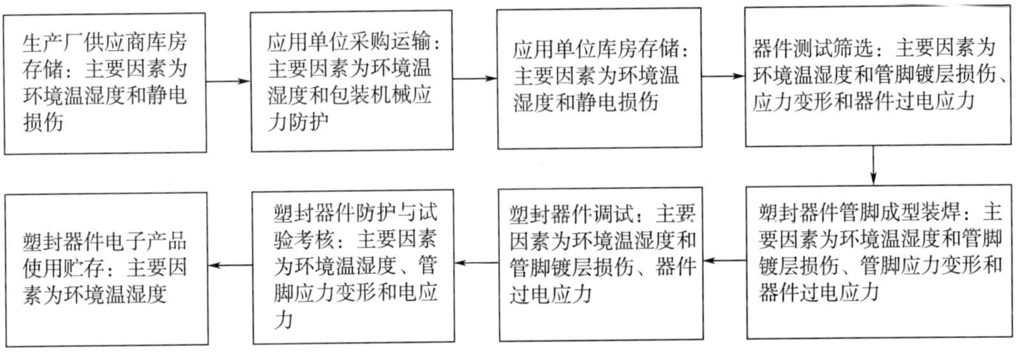

图 3 - 11　塑封器件产品生存期流程与影响因素分析图

3.6.3 提高军用电子产品塑封器件贮存可靠性的保证措施

通过对大量塑封器件的工程应用以及对出现问题的器件失效分析认为，影响塑封器件可靠性的主要因素包括环境温度、湿度、管脚沾污和机械应力损伤。这些结论与相关专家、学者以及应用单位和器件厂家所做过的大量研究得出的结论基本一致，其中《北京航空航天大学学报》2010 年 9 月第 36 卷第 9 期发表的由刘慧丛、刑阳等撰写的《湿热环境下湿度对塑封器件贮存可靠性的影响》给出了具有一定量化性的结论：

1）塑封器件在湿热环境下的吸湿过程与贮存时间和环境湿度密切相关。相对湿度越大，达到饱和时水汽含量越高，但湿度对水汽达到饱和的时间影响不大。一般贮存 300 h 水汽含量即达到饱和。

2）塑封器件在湿热环境下贮存的主要失效模式是外引线腐蚀，腐蚀速度与环境湿度密切相关。腐蚀程度随相对湿度的增加而增加，且相对湿度在低于 65%时腐蚀发展速度比较慢，相对湿度超过 65%后腐蚀发展速度加快。加工过程中造成的镀层缺陷是外引线腐蚀发生的敏感区。

3）相对湿度对塑封器件的电性能影响不大。

根据以上结论可以看出，相对湿度 65%是一个很关键的环境参考点。结合影响性分析和失效机理，针对塑封器件生命周期各环节必须制定相应的预防措施，以便保证军用电子产品塑封器件的安全可靠性和长期稳定性。

（1）库房贮存

在库房贮存阶段，要重点控制以下要素：

1）库房温度应保持在室温条件下；

2）库房湿度要不大于 60%，但为了防止静电产生，湿度也不能太低；

3）塑封器件应密封包装；

4）在保管期间，应避免器件管脚受机械应力变形而导致管脚镀层被破坏。

（2）采购运输

在采购运输过程中，要重点控制以下要素：

1）塑封器件应确保包装完好密封；

2）包装材料应注意防止静电产生；

3）在运输过程中，应避免器件管脚受机械应力变形而导致管脚镀层被破坏。

（3）测试筛选

一般地，塑封器件生产厂家生产后直接将产品提供给用户，其质量保证和考核评估等工作必须由用户完成。在测试筛选阶段，要重点控制以下要素：

1）为了剔除早期失效产品，塑封器件必须进行 100%筛选。

2）由于塑封器件的封装形式和功能特点，使得一些器件无法进行器件级测试筛选，必须采用随整机进行筛选的方法，一般以温度和老炼试验为主。其筛选条件一般要高于整机试验的最高条件，但不超过±10 ℃，整机产品的筛选不能代替器件随整机的筛选项目。

3）随整机测试筛选过程中应结合整机功能和性能指标保证对器件进行检测，除了功能、性能满足要求外，还要关注器件涉及到电源电流的变化，温度老炼前、后电源电流（室温）的变化不应超过老炼前（室温）的10%。

4）在器件测试筛选或随整机进行筛选过程中因为器件未做防护处理，应控制环境湿度不超过60%。

（4）管脚成型

管脚成型是管脚材料受机械应力变形损伤的主要环节，管脚成型必须采用专用工装模具进行，确保管脚成型的一致性和管脚镀层损伤最小，要杜绝由于管脚受力而导致管壳塑料产生裂纹。

（5）器件装焊

塑封器件的装焊过程是决定塑封电子产品基础寿命的关键环节，要对各工艺环节严加控制：

1）焊接前，塑封器件与印制板必须经过125 ℃、湿度不超过60%、至少24 h的烘烤排潮处理；

2）排潮处理完毕必须保证在室温、湿度不超过60%的条件下，4 h内完成焊接；

3）焊接温度按照所采用的焊接工艺条件给予确保，装焊过程确保无腐蚀性气体存在；

4）焊接完成后必须用无水乙醇进行印制件的清洗，清洗掉器件管脚上的腐蚀性残留物、管脚之间以及印制线之间残留的多余物，清洗过程中避免器件管脚机械形变或损伤；

5）清洗完成之后必须进行高温75 ℃不低于8 h的烘干处理，然后才能加电测试。

（6）产品防护

塑封器件经过焊接和模板功能调试后必须进行防护处理，然后才能进行整机相关的试验，防护的好坏决定产品长期贮存期间吸收水汽的多少，也决定器件贮存寿命的长短。要重点控制以下过程：

1）印制件喷防护漆前必须用无水乙醇进行清洗，清洗过程中避免器件管脚机械形变或损伤；

2）清洗完成之后必须进行高温75 ℃不低于8 h的烘干排潮处理，确保塑封器件本体水汽含量最少，管脚镀层无驻留腐蚀性残留物；

3）产品完成烘干后必须在2 h内完成防护漆的喷涂，保证喷漆环境湿度不超过50%，喷漆完成后按照工艺要求自然晾干或高温烘干；

4）防护过程应关注器件管脚根部底层本体与印制板之间缝隙的封堵，防止潮气驻留或BGA封装器件管脚之间因水汽过大而发生绝缘性能下降，这是塑封器件防护的薄弱环节。

（7）试验考核

装焊有塑封器件的电子产品试验考核，必须按照产品技术条件规定的试验项目顺序和条件进行，尤其要保证环境湿度的控制，所试验的产品必须是经过调试和防护处理后的产品。

（8）长期贮存

经过对电子元器件贮存寿命与失效模式的研究认为，影响贮存寿命的关键因素为温度和湿度。因此，为了确保电子产品尤其是塑封器件电子产品的贮存寿命和使用可靠性，应关注以下环节的控制：

1）如果产品机箱是密封的，应在机箱装配时控制装配车间的温湿度，温度为室温，湿度不大于 50%；

2）如果机箱不密封或没有机箱，则应确保塑封器件表面喷涂防护漆均匀可靠；

3）所有电子产品在贮存过程中，保证贮存库房的湿度应不大于 65%，至少保证每年加电测试一次，每次通电时间不少于 4 h。

3.6.4 小结

PEM 大量用于军工电子产品已经成为一种趋势，电子产品尤其是塑封器件长期贮存的失效模式和贮存寿命技术研究在国内才刚刚开始，但通过长期的军工电子产品研制生产经验和已有的研究成果分析，在产品生产和贮存过程中采取系统化的预防性保证措施是目前确保塑封器件长期贮存可靠性的有效途径。

3.7 电容选用可靠性问题

电容器是军用嵌入式计算机及各类电子产品中非常普遍的一种元件，由于电容的结构特征、制造工艺等特点，电容容量的变化以及开路、短路失效模式都对军工产品的可靠性与寿命产生直接影响，根据计算机多年的质量问题归类分析以及军工产品的整修延寿发现，电容器的可靠性问题是影响产品可靠性与寿命的最突出问题之一。

3.7.1 电容器失效因素分析

以某研究所为例，2008—2011 年以来，根据研制生产质量记录，整机型号产品因电容使用过程失效造成整机质量问题共 30 个，具有明显的规律性，具体表现如下：

1）按发生地点分，生产过程问题 21 个，交付用户后问题 9 个；

2）按失效原因分，电容本质问题 26 个，使用问题 4 个；

3）按电容品种分，瓷介电容问题 15 个（其中，叠层电容 4 个），钽电容问题 14 个，云母电容问题 1 个。

从上述案例可以看出，绝大多数问题都归因于电容本身缺陷，但是否是由于我们操作过程中某个不合理因素的诱发导致缺陷而加速恶化，也不能完全排除，值得深入研究。为此，我们具体抽查了 12 个典型问题进行了详细分析，具体情况见表 3-2。

表 3 - 2　2008 - 2011 年所发生的整机产品电容失效情况调查表

序号	电容规格质量等级	封装形式	功能逻辑部位	失效模式	失效时段	失效时机	电容装焊工艺方法	整机考核最高温度	问题定位	设计选用降额情况	绝缘测试方法	问题分析可能存在的隐患
1	CT4L - 3 - 2C1 - 100V - 224M 七专	片式瓷介电容	电源输入滤波	短路	出厂前	常温老炼	手工焊	55 ℃	该问题是由于电源板上该电容短路失效引起的。失效原因是内部存在介质微缺陷，介质缺陷部位在后续应力作用下逐渐产生漏电流，形成局部高热，导致电容烧毁失效	符合一级降额要求	摇表	可能与手工焊接过热应力及摇表过压应力、打绝缘方法不合理有关
2	CC4L - 1 - CG - 50V - 300K 七专	片式瓷介电容	晶体起振电路	开路	出厂前	温循试验	波峰焊	55 ℃	该电容的失效是由于管脚与电容的电极之间虚焊引起的，属于电容质量问题	符合一级降额要求	万用表，摇表	可能与引线锡焊结构、体积小、温度和加热时间长度等有关
3	CT4L - 3 - 2C1 - 50V - 474M 七专	片式瓷介电容	AD 输入端滤波	开路	出厂前	调试	波峰焊	60 ℃	该问题是由于质量缺陷引起的。为电容个例问题。该电容一条引腿在内部松脱，导致断路	符合一级降额要求	万用表，摇表	可能与单测模拟接口加电顺序及存在反向电压有关
4	CC4L - 3 - CG - 50V - 473G 七专	片式瓷介电容	单稳宽度调节	绝缘阻抗降低	出厂后	系统测试	波峰焊	60 ℃	该板上位号为 C10 的电容绝缘阻抗降低造成漏电流增大、性能变化，导致 TRM 信号脉宽识别阈值变大而出错	符合一级降额要求	万用表，摇表	是否进行了调试更换环节的手工焊接？如果没有则是电容自身问题

续表

序号	电容规格质量等级	封装形式	功能逻辑部位	失效模式	失效时段	失效时机	电容装焊工艺方法	整机考核最高温度	问题定位	设计选用降额情况	绝缘测试方法	问题分析可能存在的隐患
5	CT41L－1206－2C1－50V－104M 七专	表贴磁介电容	电流电压转换电路滤波	绝缘阻抗降低	出厂后	挂飞训练	手工焊	55 ℃	该产品 28.5 V A/D 转换超差是由于（A/D）/（D/A）板一电容绝缘阻抗下降引起的。经失效分析，该电容生产过程中存在工艺缺陷，该缺陷位于电容的两个电极之间，经过 250 h 长时间工作后，缺陷处发生电击穿，从而导致电容的绝缘电阻降低	符合一级降额要求	万用表，摇表	可能存在手工焊接差异
6	CTE41－S－70－EH－1H－226M 七专	表贴叠层磁介电容	电源输出滤波	短路	出厂前	温度循环试验	载流焊	55 ℃	通过分析认为，该电容由于端头处裂纹导致电容短路而失效。失效分析中心结论为：内部缺陷导致电容击穿失效，属于个别元器件失效	符合一级降额要求	摇表	可能存在电源绝缘耐压能力不足的安全性问题
7	GCY2－3－100V－C－4700PFI 七专	片式云母电容	电源振荡器回路	击穿	20 基地	系统测试	手工焊	60 ℃	电容器最外层一层云母片上存在两处贯穿性孔洞缺陷，在较长时间的低电压作用下，银离子沿缺陷部位发生电迁移，电容在缺陷部位处形成低阻通路，低阻通路在电流作用下经过一段时间后烧断，电容特性恢复	符合一级降额要求	摇表	可能存在手工焊接差异
8	CT41L－1812－2C1－50V－105M 七专	CTE 型多层瓷介电容器	三端稳压器输入端滤波	短路	出厂前	温度筛选试验	载流焊	60 ℃	对该电容进行失效分析，结果表明该电容是由于内部产生裂纹而短路引起的。短路原因是电容器内部裂纹跨接两内电极	符合一级降额要求	万用表，摇表	可能存在降额不足及绝缘方法规范问题

续表

序号	电容规格质量等级	封装形式	功能逻辑部位	失效模式	失效时段	失效时机	电容装焊工艺方法	整机考核最高温度	问题定位	设计选用降额情况	绝缘测试方法	问题分析可能存在的隐患
9	CT41L－1812－2C1－100V－474M 七专	片式瓷介电容	电源输入滤波	短路	出厂后	系统试验	手工焊	75 ℃	电容器护片位置存在空洞缺陷，且靠近端电极部位，空洞部位介质产生微裂纹。微裂纹在后期的外部环境应力作用下不断扩展，介质发热量增大最终导致局部热平衡被破坏，伴随热量的不断积累而在局部形成高热，最终发生电容器击穿失效	符合一级降额要求	摇表	可能与手工焊接过热应力及摇表过压应力、绝缘耐压试验方法不合理有关
10	CA45－25V－22 μFM 七专改普军	片式钽电容	三端稳压器输入端滤波	短路	出厂后	系统测试	载流焊	60 ℃	经分析、验证和厂家复查认为，该钽电容器介质氧化膜存在微疵点，通电时在电应力作用下漏电流增大而发生击穿失效	符合三级降额要求	摇表	可能存在测试过程表笔极性偶然接反
11	CTE41P－60－EH－1C－107M 工业级（军温）	无极性叠层式瓷介电容器	电源+5 V低压差稳压器输入滤波	短路	出厂后	系统试验	载流焊	55 ℃	产品 D/A 输出异常是由于电源板上+5 V DAC 输出端低压差稳压器输入电容器 C53 短路失效，继而引起其串联回路整流二极管 D13 过功率失效断路，造成+5 V DAC 无输出电压，最终导致所有 D/A 输出均为零	符合一级降额要求	摇表	可能存在电源绝缘耐压能力不足的安全性问题
12	CAK45－40V－6.8 μFM 国军标级	片式钽电容	电源输入端滤波	短路	出厂后	系统测试	载流焊	60 ℃	失效分析结论是：钽电容短路烧毁的原因是由于介质层缺陷造成漏电流增大，在长时间加电工作后，缺陷恶化并最终导致短路	符合三级降额要求	摇表	降额不足，可能绝缘过压或输入反向电压超标损伤

以上所发生的电容失效问题，除了电容本身存在缺陷外，我们在生产、试验过程的规范性也存在诱发故障的隐患，如绝缘耐压试验（打绝缘）时是否将所有输入、输出分别短接，绝缘试验电压是否超过电容耐压范围，电容测量过程中是否存在万用表表笔反接的现象，尤其是各种测试环境所创造的外部连接条件在加电次序以及反向电压上是否进行了有效控制等，这些问题都必须引起设计者和使用者的高度关注。

3.7.2 电容器选用设计及操作要求

按照电容失效所发生的部位和型号类别来区分，发生问题的电容绝大多数为表贴电容。这一奇特现象，除了表贴电容的体积小、介质层薄、耐压范围不是很高外，是否与设计选用、生产过程的焊接工艺、测量工艺和绝缘试验工艺方法有关，必须引起我们高度重视，必须加以分析并采取对应措施尽可能降低电容问题发生的概率。

（1）选用要求

必须关注电容电极材料。在保证质量等级和降额等级要求的同时，在选用时优先选用钯银电极电容，限制使用镍（Ni）内电极电容，禁止使用银电极电容。

（2）降额设计要求

必须尽可能提高降额等级。电源输入端滤波电容尽可能采用串联方式，耐压要考虑绝缘试验条件的要求，并按照极限最大值进行降额计算。电源降额除满足型号专项要求外，最低应保证达到Ⅱ级降额。

（3）操作使用要求

必须严格控制电容器的焊接次数，关注绝缘测试方法的合理完善，规范万用表测量的极性控制：

1）调试过程中，在电容端焊接测试引线、补焊等会造成电极的热应力损伤；

2）绝缘耐压试验时，要按照规范进行，即将所有输入和输出短接；

3）用万用表测量电容时，主要规定表笔极性；

4）要关注单元测试系统接口反向电压对弹上产品的影响；

5）要在使用说明书中明确总体绝缘测试注意事项。

以上这些危险操作不一定马上导致电容失效，但一定会导致其性能下降。

3.8 军用嵌入式计算机调试及试验注意事项

设计是产品质量的基础，生产工艺是实现产品质量的保证，调试与试验是生产工艺的重要核心内容。军用嵌入式计算机调试及试验过程对产品早期缺陷的剔除非常有效，能否做好调试与测试工作直接影响产品的可靠性寿命。规范的调试、试验过程与方法是设计与调试工艺人员综合素质的集中体现，是保证产品可靠性寿命的基础，也是单位信誉和用户信心的保障。因此，在调试与试验过程中必须关注以下内容。

3.8.1 控制测试设备状态

测试设备包括通用仪器仪表和专用工装测试设备。

(1) 通用仪器仪表控制

①计量期控制问题

使用通用仪器仪表前，应首先检查计量有效期，只有在计量有效期内的仪器仪表才能使用；其次，使用前应对仪器仪表进行自检，确认功能指标正常才能正式测量。

②电源极性检查问题

通用仪器仪表的电源电缆线应符合原配规格（两相或三相），不能随意更改，应首先确保电缆的两头连接导通；其次，在插接电源前应确保电源插座的极性符合标准要求（左零右火），且电源电压在仪器仪表规定的使用范围内。

③测量精度选择问题

首先，根据测量信号的特性及指标要求合理选用测量仪器仪表；其次，根据测量信号的精度指标合理选择测试档位；测量时要正确操作，一般为先设置、后启动、再测量（如模拟信号源的操作）。需要预热的仪器仪表必须预热稳定后才能测量。

④适配器选用问题

通用仪器仪表的测试探头应采用原配探头，不同型号规格的仪器仪表不能随意进行探头互换，防止阻抗不匹配以及信号衰减造成测量误差。一般地，探头扩展自制电缆线不能太长。

(2) 专用工装设备控制

①测试标校问题

专用工装测试设备必须有专用且有效的测试标校标准文件。专用工装测试设备必须定期进行标校计量，使用时应在计量有效期内。专用工装测试设备的软件、硬件以及电缆等工艺状态应固化，并保持稳定。每次启用前应进行功能、性能自检，确保正常后才能使用。

②软件版本问题

用于现场测试工装测试设备的软件版本应是软件产品库中的最高版本。该软件必须是直接从产品库中提出，且与被测产品硬件技术状态完全一致。所用软件版本必须明确标识，并有记录。所使用的配套软件状态或版本必须配套（如测试设备部分与被测产品部分）。

③电缆状态问题

所有配套电缆应为同技术状态电缆，电缆标识应清楚明确。电缆插头应灌封牢靠，无缩针与断、歪针现象。线缆两头的导通良好，应定期检查、维修并保证插接牢靠无松动现象和线间短路现象。

④负载真实性问题

工装测试设备的接口信号电气指标要定期检测，确认符合设计指标。接口的模拟等效负载应符合实际应用负载情况。测试线缆的长度应与实际应用相同（长线测试）。被测产品的静态阻抗应测量并记录。接口信号的波形应测试，并真实记录。供电电压以及环境条件应作为前提进行确认并记录。

3.8.2　固化测试项目

（1）功能测试

①测试项目定义问题

功能测试中的项目定义，应以被测产品为对象，合理区分静态测试与动态测试项目。项目的定义应首先覆盖任务书所提出的各个单项功能，其次要按照硬件功能模块进行单项覆盖。其中，静态功能包括功耗测试、导通测试、绝缘测试、接口输入输出阻抗测试；动态功能测试除模块功能、协议满足任务书要求外，还应包括接口波形测试、长线传输能力测试（这些要求属于任务书隐含的功能）。

②功能测试判椐问题

功能是否正确，应以任务书要求指标再加上设计保证指标为依据，要参照环境条件的变化因素以及测试系统误差与离散性因素，合理确定功能测试的判据，而且该测试结果应尽可能量化且能够记录。最终给出的测试结论是“正确”或“错误”，不能将测试的结果数据与判据在程序中隐含，也不能用测试结论代替测试结果。

③测试强度问题

如果功能的测试强度不能满足常温条件下的运行，还应更多地关注高低温、温度循环、机械振动以及一次电源上下极限条件、频繁开关机和负载极限情况下的功能是否正常。

④其他问题

功能测试中的边界条件一定要符合任务书给定的条件，同时要在测试大纲中明确，并向用户交底。所有的功能应在系统中给予验证确认才算最终满足要求。

（2）性能与精度测试

①指标的合理性

性能与精度指标应严格按照任务书要求的指标进行设计，测试的判椐应在此基础上合理地加入系统测试公差、环境温度及机械振动造成的公差以及器件离散性所带来的固有公差。

这些指标可以分类定义，在不同的条件下采用不同的公差指标，同时在测试细则中应明确这些指标的测试环境条件、测试点位置和测试方法。

②项目的覆盖性

性能与精度测试项目除了接口能够直接进行测量信号外，还应确保在调试期间的板内测试和组合精度测试，如各种晶体、晶振的频率与幅度、稳定度测试，定时器输出的信号时间精度测试，D/A 输出与功放输出的组合精度测试，一些 D/A、A/D 自环逻辑中的独立精度测试等。

③方法的正确性

应做到以下几点：

1）合理选择、操作测试仪器与设备；

2）合理设置和选择测试档；

3）合理确定测试电缆的长度；

4）合理选择测试信号的测试点；

5）测试设备仪器合理接地和加电预热。

④负载的有效性

负载的真实有效性是决定性能与精度测试是否真实有效的关键，在制定测试细则时一定要依据任务书注明每一项性能与精度测试项目的负载条件。

3.8.3 规范测试记录

（1）记录信息的全面性

记录信息的全面性是指在一个记录当中应包含与测试结果相关的所有信息，如地点、时间、参与人员、环境温湿度、测试工装编号与状态、测试仪器仪表型号规格与计量期、测试项目以及该项目的理论值、实际测量结果、判断公差以及测试结论等。

（2）记录信息的规范性

记录信息的规范性是指按照表格化的记录要求，基本内容应包括测试项目及序号、理论测量值与公差、实际测量结果和测量结论等基本内容。所记录的每一条测量记录都应按照该测量值的规范表述格式和计量单位进行记录，而且记录中同一测量值的单位等应前后一致。

（3）记录信息的有效性

测试记录信息的有效性是指测试结果记录在产品专用测试记录中，结果应与被测产品的台套号一一对应，与实际测试结果相一致，相关测试人员应共同签署的记录才有效。随意记录或记录在个人笔记本上的记录可视为无效记录，出厂测试结果也应在产品调试记录中记录，并经检验确认签名才有效。

（4）记录信息的真实性

测试记录信息的真实性是指实际测试过程中应边测试边现场记录所产生的记录，而不是事后集中整理操写的记录。二次操写容易造成笔误而出现不真实，良好的测试习惯是用测试记录（流程表）指导测试并实时记录测试结果。

（5）记录信息的可追溯性

测试记录信息的可追溯性是指一个完整的测试记录应随同该产品的其他历史证明材料一同在档案归档，而不应保留在设计或调试人员手里，否则长时间后想查原始记录就会遇到困难。任何设计与调试人员都不具有保留测试记录的权利，应在产品出厂评审时完成归档。

3.8.4 改进调试工艺

（1）不断改进完善

随着产品转阶段评审的进行，产品的技术状态和试验条件会越来越固定，试验条件和测试环境会越来越完善，一个负责任的成熟的调试人员应不断总结调试试验中暴露的问题以及其他产品举一反三出来的问题，不断改进和完善调试工艺，包括补充完善表格化调试记录、制备专用测试夹具、编制专项测试程序以及测试某种特定故障模式等。还应重点关注：

1）A/D 或 D/A 的精度调试应在整机三防后重新进行确认；

2）每台产品的所有二次电源都要测试并记录；

3）单板产品外供电源必须做变电源试验；

4）输入开关量接口的抗干扰能力必须测试；

5）输出开关量接口的驱动能力一定要测试；

6）D/A 输出信号的毛刺特性要用示波器测试；

7）保证关键信号链路中光耦的温度特性影响性测试；

8）保证复位信号宽度与 FPGA 加载时间的匹配测试；

9）不能缺少各产品在三温状态下的开关电频次考核。

（2）不断学习进步

调试人员应不断学习相关的工艺知识与标准规定，丰富自身的知识层次，开拓视野。学习和掌握摸底试验、筛选试验、交收试验、例行试验和可靠性增长试验中出现问题的性质定位和影响性程度，以便修改完善调试工艺文件，采取恰当合理的措施予以解决。

1）积累各类试验中出现问题的现象记录、排故过程、对应措施等信息，提高独立处理问题的能力，加快问题处理速度；

2）总结带有规律性、重复性工作的工作步骤与技术方法，提高工作效率；

3）关注全过程，做到准备充分，保证试验顺利完成或出现问题时有应对措施；

4）拓展测试认识范围，关注潜通路分析测试与最坏情况测试分析。

3.8.5 调试与试验过程控制

（1）高低温试验注意事项

1）温度循环箱的试验前除湿控制；

2）试验产品的摆放位置控制，及采取表面保护措施；

3）开箱产品的上下叠放与污染防护（凝露流入短路）；

4）未三防产品的升温过程中禁止加电；

5）低温下的加电时机控制及加电次数控制；

6）产品精度指标测试（如 A/D 或 D/A）。

（2）温度循环试验注意事项

1）温巡箱的除湿控制落实；

2）温变率的确认与控制；

3）过程故障现象的准确记录与现场现象保留；

4）测试电缆的准确可靠连接；

5）循环的起始温度点控制；

6）产品测试加电时间的控制。

（3）振动试验注意事项

1）测试系统采用独立不间断电源（UPS）供电系统；

2）振动方向的安装与应力施加确认；

3）传感器安装位置及数量确认；

4）连接器安装牢靠及测试台晃动控制；

5）响应曲线判别与确认；

6）换方向时测试系统的断电控制，严禁带电插拔电缆。

（4）离心试验注意事项

1）专用电缆、专用测试程序的试前准备；

2）测试系统采用专用 UPS 供电保障；

3）产品的规范安装连接。

（5）冲击试验注意事项

1）冲击试验方法的正确选择；

2）确保冲击过程中产品最薄弱环节的测试。

（6）高低气压试验注意事项

1）专用电缆、专用测试程序的试前准备；

2）关注产品的真空放电损伤分析；

3）关注易变形部件的检测。

（7）电磁兼容试验注意事项

1）专用测试电缆及测试程序准备（模拟系统应用电缆信号）；

2）被测产品接地控制；

3）测试电缆的长度及缝隙的屏蔽处理；

4）测试设备的抗干扰能力保证。

（8）单元测试状态下 A/D 或 D/A 精度标定

①单测 A/D 精度标定

在不加被测产品情况下，用模拟信号源在测试电缆末端加入被测产品的 D/A 输出幅度信号，记录单元测试设备的测试值，与标准信号比较，求取标定误差

被测产品的 A/D 误差＝实测误差－被测产品的 D/A 输出幅度

②单测 D/A 精度标定

在不加被测产品情况下，用数字电压表在测试电缆末端测试单元测试设备的 D/A 输出幅度信号，记录单元测试设备测试值，与被测设备的 A/D 采样实际值比较，求取标定误差

被测产品的 D/A 误差＝被测设备的 A/D 采样实际值－表测单元测试设备的 D/A 输出幅度

(9) 各类试验中产品加电及连接

1) 产品测试电缆连接时，应确保测试设备与被测设备都处于断电状态；

2) 电缆连接应保证处于规范插接并锁紧状态；

3) 测试板卡的安装状态是薄弱环节；

4) 严格按照规定的系统加电次序加电和断电，禁止带电插拔电缆。

(10) CMOS 电路接口的测试

1) 如果 CMOS 电路接口无隔离，直接与测试接口连接，要注意 CMOS 电路内部逻辑输入端对电源有箝位二极管通路；

2) 测试设备先于被测设备加电，容易造成 CMOS 器件闩锁和 V_{CC} 电源倒灌现象，引起被测产品无法工作或接口测试异常，因此具有 CMOS 电路接口的产品测试必须严格按照规定的系统加电次序加电和断电；

3) 作为测试设备必须使用被测设备电源进行接口隔离设计或信号管理设计（保证处于无效低电平），防止对 V_{CC} 产生倒灌而出现异常。

(11) 功能接口关联性测试

①关联性测试定义

以现有单元测试系统（工装测试系统）条件为基础，充分发挥软件功能组合设计能力，对被测试产品的每个通道进行工作测试的同时，要测试被测产品其他所有通道的反应，以便判断该通道工作对其他通道的影响。

②关联性测试目的

关联性测试的目的就是通过各个通道工作对其他通道的影响性测试，甄别和发现产品接口功能通道间因为印制板 PCB 布局设计工艺、制造工艺、机箱装联焊接工艺、电缆制作工艺等所导致的信号间短路或串扰部位。用于弥补并发性测试不足和提高单元测试覆盖性，是对单元测试功能项目的补充。

③关联性测试实现路径

以现有单元测试系统硬件设计为基础，可以在现有单元测试程序以外单独编程、独立环境运行，也可以在原有单元测试程序基础上进行扩充。

④关联性测试功能实现原理

关联测试是以接口功能通道为对象的。所谓通道，主要是指一个具有对外连接关系的独立信号，这些独立信号应覆盖产品对外连接器的各节点。关联性测试原理如图 3－12 所示。

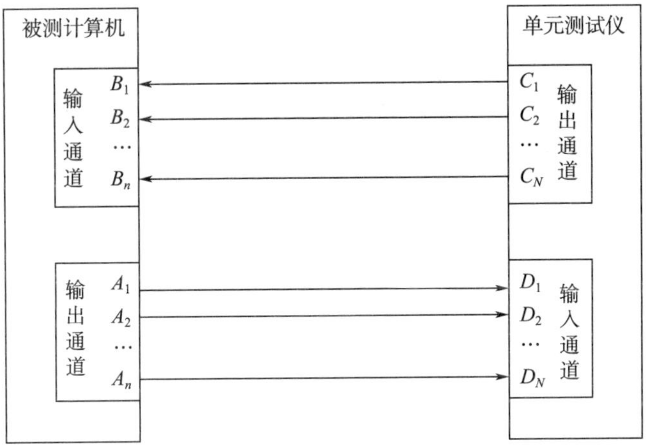

图 3-12　关联性测试原理图

⑤关联性测试具体实现方法

1）被测计算机输出 A_1，被测计算机读取输入 B_1-B_n，结果传给单元测试仪，单元测试仪读取 D_1-D_N，比较测试结果与硬件实际要求结果，确认输出 A_1 是否与 A_2-A_n 和 B_1-B_n 关联，其他输出通道同理类推；

2）单元测试仪输出 C_1，被测计算机读取输入 B_1-B_n，结果传给单元测试仪，单元测试仪读取 D_1-D_N，比较测试结果与硬件实际要求结果，确认输入 B_1 是否与 B_2-B_n 和 A_1-A_n 关联，其他输入通道同理类推。

⑥关联性测试应用时机

每个型号的每台产品都应尽可能创造条件进行该项测试。在产品装焊和调试完成后进行，主要用于发现单元测试覆盖性不足引发的低层次工艺问题。以后其他过程可以根据实际需要选择性使用。

3.8.6　完善试验方法

（1）试验依据的充分性

试验依据的充分性是指在试验前应依据签署完整的《任务书》和《系统环境试验条件》等依据性文件，编写《产品技术条件》或《产品试验大纲》，规定试验项目、条件和方法，并签署完整，用于指导试验。其中，应准确描述试验的项目、条件、方法和测试步骤以及判据、出现异常现象的处理方法等，否则试验的结果不具有可参照性。

（2）试验环境的相符性

试验环境的相符性是指用于进行试验的试验设备、夹具和测试工装等仪器仪表的状态与技术指标等应与试验大纲或技术条件所要求的指标条件相一致，试验设备能力至少不能低于要求的指标值，如振动台的起振频率、温度循环箱的温变率、测量设备的测量精度等。

（3）试验方法的正确性

试验方法的正确性是指在按照技术条件或试验大纲实施试验的过程中，设计调试人员应与试验操作人员进行充分沟通确认，确保试验方法符合GJB的有关规定和产品技术条件或试验大纲要求。如振动试验中产品在振动台上的安装方法（多台产品不能摞在一起）、传感器的粘贴部位与数量、控制方法（单点还是闭环控制）、测试加电时间等。

（4）试验报告的有效性

合理地定义试验项目、名称是编写规范有效试验报告的前提条件。设计调试人员应从概念上分清楚摸底试验、筛选试验、交收试验、例行试验和可靠性增长试验的定义和试验性质，清楚地填写试验申请报告，规范地填写试验现象与结论并具实签名。

试验结论应按照技术条件规定的该项试验的所有内容（包括如低气压试验、贮存试验完毕的外观检查、绝缘、电性能测试结果，这些也是最主要的内容）填写。

（5）试验中产品的保护性

试验过程中，不论是工艺机、例试机，还是正式机，都应采取有效措施，注意对受试产品表面的保护，尽可能防止表面划伤和掉漆，尤其是在振动等机械环境条件下产品的安装压紧等环节，还要注意有安装精度要求的螺纹孔的防护、测试现场电源环境的保证、测试系统连接与加电方法控制以及凝露流入机箱内部的防护等。同时，要注意检查试验环境现场供电电源的规范性以及设备的接地情况，确保产品在试验过程中不受损伤。

3.8.7　电磁兼容试验中常见问题分析

在电磁兼容试验中，常见有CE102、RE102试验不能通过，有的设备还出现CS101、CS106试验不通过。

（1）CE102试验

CE102试验规定所有电源导线（包括回线，不包括电源输出端导线）传导发射在频率10 kHz～10 MHz范围内不超过GJB 151A—97中规定的极限值。电子设备的电源设计通常采用了DC/DC开关型转换电源，以提高电源的转换效率，从而减小电源体积。而采用开关型转换电源时，CE102项指标超标属于普遍现象。

在目前不增加体积、重量的情况下，可以采取在供电的＋28 V及＋28 V电源回线上加装穿心电容（即馈通型滤波器），可有效抑制传导发射和辐射发射情况。但加装穿心电容后所带来的不利影响（产品对系统壳体抗雷击能力下降，系统安全性降低）降低了产品的绝缘耐压情况，并且降低了产品的可靠性和安全性，因此一般应慎用此措施，最直接的方法是在电源输入端接入滤波器。

（2）RE102试验

在电场辐射发射RE102试验中，设备和所有互连电缆的辐射发射不应超过GJB 151A—97中规定的极限值要求。

RE102项目超标从经验上分析，属于机箱电连接器不屏蔽问题。虽然对机箱表面处理采取了改进工艺，但由于机箱结构和机箱与外部电连接器存在缝隙等原因，一般很难满足标准要求。同时，试验电缆的屏蔽效果也非常关键。RE102 项指标超标属于电子产品普遍现象，因此设备机箱、电缆以及连接处的屏蔽效果至关重要。

（3）CS101 试验

CS101 用来检验设备承受耦合到输入电源线上信号的能力。CS101 不能通过的主要原因是电源输入端滤波能力不足，导致电源输出不正常。在有些产品中，设备需要直接使用一次电源，因此出现设备不能抵抗干扰、工作不正常的现象。这种情况一般是一次电源在产品内部各印制板之间走线过长引起的，设备的相关电路本身需要采取抗干扰措施，或者对输入的一次电源在电源线入口处进行滤波后再提供给内部接口使用，能够有效解决该问题。

（4）CS106 试验

CS106 用来测试设备对电源线上注入尖峰信号的敏感度。CS106 不能通过的主要原因是电源输入端滤波能力不足或工艺布线不合理，参数设计考虑不周，导致电源输出异常。如果设备直接使用一次电源，同样设备电路本身要能抵抗尖峰信号，即一次电源在电源线入口处进行滤波后再提供给内部接口使用。

综合以上分析，要解决空间电子产品的电磁兼容性问题，必须采取系统化的综合措施，主要包括机箱屏蔽技术、印制板布线技术、接地技术、电路及电源设计技术、滤波技术和有效的电缆和连接器屏蔽技术。

选用电缆必须由系统综合考虑，需要考虑的因素是传输信号波形、频率范围、电路敏感度等。单机做 EMC 试验无法使用系统的电缆，这是客观存在的现实问题，应由系统统一明确各单机试验方法与条件。

连接器在解决 EMC 问题时也必须由系统与单机共同完成，因为插座在单机上，而插头在系统电缆上，最终的插合处理由系统负责，因此一般要求连接器必须具有良好的屏蔽性能，其外壳表面必须能导电，并在连接器与电缆结合处屏蔽不能中断，连接插针之间的接触电阻必须很小。连接器插入屏蔽电缆电路时，不应降低屏蔽电缆的屏蔽完整性，因此必须正确处理电缆屏蔽层和连接器的端接和接地，接地线要短而粗，并遵守低频一点接地、高频多点接地的原则，并且在条件允许的情况下，尽可能不用抽头的接地方式，可以选取卡接、压接、焊接的方式，符合这些要求的连接器与其形状是圆形还是矩形关系不大。

3.9　军用小型化国产计算机调试试验技术

军用嵌入式计算机随着系统集成技术的发展和国产化自主可控的政策性要求实施，产品正在向着小型化系统集成方向发展，产品功能密度越来越大，性能越来越高。随着新型国产大规模集成电路的应用，产品的工艺和形态都发生了根本性变化，传统的测试和试验方法不足以发现技术与质量隐患，必须有对应的措施。

3.9.1 小型化产品的基本特点

小型化集成化计算机的基本特点是器件密度大、电磁耦合能力强、环境温度高、信号传递速度快、可测试性条件差。而国产化元器件经过初期多个型号的应用发现，其主要的共性特点是：成熟度不够、稳定性较差、一致性不好、管壳工艺差、手册编写不规范。以上这些特点决定了小型化国产化军用嵌入式计算机必须在遵守 3.8 节军用嵌入式计算机调试及试验注意事项的基础上关注特性调试与试验。

3.9.2 调试重点

（1）电源时序调试

1）一次电源与二次电源的上电次序要进行三温测试确认，确保二次电源快速建立；

2）二次电源与三次电源的上电与断电次序更要进行三温测试确认，确保各电源相位时间固定在合理范围内；

3）要特别关注三次电源爬升过程中的台阶现象，确保电源纹波等指标符合要求；

4）直接外用 DC/DC 电源作为 5 V 二次电源供电时要采取保护措施，防止开关电的过冲损伤器件和产品。

（2）上电复位调试

1）电源建立与复位信号的产生时序关系应保持相对稳定；

2）复位信号的宽度应符合设计规定，并保证 FPGA 加载完成；

3）要确认上电复位与外部手动复位的协调和逻辑覆盖。

（3）FPGA 加载过程调试

1）FPGA 加载过程电流变化较大，尤其在三温条件下表现突出，应加强验证，关注不同台套产品加载过程电流变化的一致性和同台套产品不同温度条件下加载电流的变化情况，确保稳定加载；

2）FPGA 加载必须在复位信号结束前完成，并留有一定的时间裕量。

（4）总线时序调试

1）产品越小，信号传输距离越短、速度越快，时序配合越紧张；

2）存储器的读写操作时序必须满足器件速度指标要求，并有裕量；

3）国产器件的离散性大，器件个体性能差异大；

4）地址、数据和片选及读写信号的三温时序关系一定要进行实际测试；

5）要关注信号的质量，即过冲、地弹和上升、下降等特性。

（5）输入输出接口调试

1）输入接口的抗干扰能力，即最低响应条件和最大容忍能力应摸底；

2）输出接口的上电复位初态应确保无有效输出，驱动能力应实测；

3）输入与输出接口的并行相互干扰应进行测试；

4）大电流输出接口工作时对电源的扰动影响应进行测试。

3.9.3　试验重点

（1）超温循试验

1）原因：新型国产器件的管壳成熟度不足，环境温度适应能力差；管腿工艺设计及材料成分与现有焊接成型工艺不适应。

2）做法：以工艺验证为主。温度循环次数极限摸底，温度应力可以控制在－40～80 ℃范围内，检验管壳有无裂纹，焊点有无形变，管芯性能是否稳定。

3）目的：验证管壳的温变适应能力、管腿焊点的可靠性以及适应温度变化的容忍极限。

（2）器件发热试验

1）原因：部分器件功耗大，器件管壳散热效果差，会导致焊点蠕变，电阻变大，甚至引起功能保护或 PCB 变色碳化。

2）做法：进行整机极限高温摸底试验（确保温度和保持时间），对功率大于 0.3 W 的器件进行高温极限条件下的壳温测试。

3）目的：检验发热器件的环境适应能力、PCB 散热设计合理性、系统功能性能的高温稳定性。

（3）开关机试验

1）原因：实践证明，绝大多数国产器件对电源上电的适应能力差，表现为上电后不能稳定工作，且对断电后重新加电时间间隔敏感。

2）做法：规定在整机高温、低温和常温下进行规定次数的开关机试验，检查开机后整机能否正常工作；对三温条件下整机关机后重新开机的最小时间间隔进行摸底。

3）目的：检验国产器件对不同电源特性环境的适应能力，检验三温条件下国产器件对所配置电源的匹配性。测试整机断电重新开机的允许最小时间间隔。

（4）温度梯度试验

1）原因：实践中发现，国产化大规模器件经常表现为在某个温度区间其功能、性能异常，常规温度试验无法覆盖。

2）做法：利用例试机或工艺机，从－40～70 ℃每隔 5 ℃为一个梯度，每个梯度保持 1～2 h，达到温度平衡后进行连续测试 5～10 min，然后进行批次性评价。

3）目的：通过温度梯度摸底试验，对国产器件在全温度范围的适应性进行评价。

设计是产品质量的基础，生产工艺是实现产品质量的保证，调试与试验是生产工艺的重要核心内容。采用小型化国产器件的计算机产品调试和试验方法与传统军用嵌入式计算机的调试和试验方法有继承，更有其特殊性。待大量使用和验证成熟后，所推荐的特别试验方法可以简化，但初期调试和试验中，这些方法和技术可以有效解决现实问题，对提高产品质量具有很好的保证作用。

第 4 章　军用嵌入式计算机复核复算技术

军用嵌入式计算机完成设计后，由于设计者知识的完备性和经验不足，可能或多或少地存在着不同方面的问题与不足，为了在投产前保证个人设计正确，体现单位集体水平，将设计问题减少到最低，必须对设计进行专家复审。能否全面科学地完成复审，保证产品投产一次成功，是一个非常复杂的科学问题。根据多年的工程经验、经常遇到的设计问题和科研生产管理程序要求，也为了完善和规范计算机产品复核复算工作、提高设计覆盖性、杜绝设计质量问题的发生而编写了计算机设计复核复算规范。经过多年应用实践证明，该办法十分有效，可以大大减少设计问题的发生，为型号任务研制和产品质量提高起到了关键作用。

军用嵌入式计算机复核复算的方法不仅可以指导规范专家与组织人员的工作，同时也是设计者自己复核设计完整性、正确性的指导性文件，可以有效保证设计质量和提高所有设计人员的技术能力。

4.1　目的和适用范围

为完善和规范计算机产品复核复算工作、提高设计覆盖性、杜绝设计质量问题的发生而编写了该规范，将复核复算工作的内容以及复核复算报告的编写格式进行统一规定，以便指导设计师按照此规范进行设计复核复算并编写报告，规范专家评委按照此规范进行计算机产品复核复算的评审把关工作。

本规范规定了从事军用嵌入式计算机产品设计的设计师必须熟悉和掌握的复核复算基本内容、方法以及复核复算报告的规范编写格式，适用于军用嵌入式计算机产品设计的复核复算，其他电子产品的复核复算可参照此执行。

4.2　规范性引用文件

下列文件中的条款通过本部分的引用而成为本部分的条款。凡是注明日期的引用文件，其随后所有的修改单（不包含勘误的内容）或修订版均不适用于本部分，然而，鼓励根据本部分达成协议的各方研究是否可使用这些文件的最新版本。凡是不注明日期的引用文件，其最新版本适用于本部分。

4.2.1　术语和定义

（1）复核复算

复核复算是设计评审的一种方式，是设计复查和自我完善的有效手段。即依据设计图纸对照任务书等设计输入要求逐条复核或重新计算，核查设计结果对功能、性能、可靠性、裕度等方面满足设计输入要求的一种方法，以便发现问题，及时纠正，杜绝设计漏洞和缺陷，从而保证设计的正确性、协调性、符合性、完整性，提高产品设计质量。

（2）设计覆盖性

设计覆盖性是指设计结果满足设计输入要求的程度，既要满足设计输入规定的明确要求，也应满足应用方便性与环境适应性等方面的隐含性要求以及可测试性要求。

4.2.2　复核复算的内容及时机

复核复算就是依据设计图纸、对照任务书等设计输入逐条复核与重新计算，核查设计结果在功能、性能、可靠性、裕度等方面满足设计输入情况的一种确认方法。通过这种系统化的重新核查、计算，发现问题，并及时采取措施进行纠正，在产品投产前达到杜绝设计漏洞和缺陷的目的。

研制过程中的设计复核复算应在一个研制阶段新的设计完成后投产前进行，即应在完成逻辑设计、形成标准的逻辑图并签署完整后于 CAD 设计或 PCB 投产前进行，设计师应在对复核复算中提出的问题有明确的是否采纳的意见后才可以进行 PCB 投产。研制生产过程中，因技术归零或研制过程需要可以随时开展专项复核复算工作。

在不同的研制阶段，复核复算内容的重点不同。对于方案和模样阶段，由于设计要求的不确定性，应重点复核方案的正确性、完备性和可实现性；而对于初样及以后阶段需要投产产品的设计复核复算，应重点按照以下内容进行：

1）功能设计复核；

2）性能指标设计复核；

3）元器件选用结果复核；

4）元器件降额设计复算；

5）时序与负载能力适应性复算；

6）接口的抗干扰能力复算；

7）工艺设计复核；

8）配套软件设计复核；

9）测试覆盖性复核；

10）环境适应性设计复核。

除以上内容外，还应包括总体要求或评审专家组认为需要特别关注的问题和环节等。

4.2.3　复核复算内容方法及报告编写的基本要求

复核复算报告的内容不是将设计报告进行重复，而是应按照复核复算的内容逐项将设计结果与设计输入要求进行对比、计算、分析，并给出是否满足设计要求的明确结论。这一重新审查的过程应按照一定的顺序进行，并按照规定的文件格式进行编写，以便保证复核复算内容的全面性，同时指导设计师自己开展复核复算，对发现的问题及时改进完善。

规范的复核内容和报告格式可为专家提供清晰的审核思路。

一般地，复核复算的内容、顺序、方法要求和报告的编写格式应遵循以下条款要求，以表格形式进行逐项复核，这样容易确认，也不会造成漏项。针对不同类型的产品、阶段，复核复算要求可以进行适当裁减。下面就复核复算报告规定的各章节内容要求进行简单说明。

（1）概述部分

要求该部分简要说明任务来源、任务书提出单位、任务背景及产品研制阶段。给出整机系统设计功能框图、各印制板功能模块分配和产品结构外形图及印制板组装方式示意图。以此作为评委了解任务及设计的基本情况，为复核复算奠定基础。

（2）功能设计的复核

要求针对任务书所列的功能及接口要求逐项列表，并检查设计结果是否有漏项，确保设计功能覆盖任务书要求，直接填写表 4－1。

表 4－1　功能设计复核表

序号	任务书要求功能	设计结果	覆盖任务书情况	是否采用标准设计或标准单元电路	结论
1	例如：控制器核心处理器选用国产数字信号处理器 C6713，主频 200 MHz；外部晶振精度不低于 1.0×10^{-5}	选用国防科大 C6713；主频 200 MHz；外部晶振精度 $\pm5\times10^{-6}$	覆盖任务书要求	采用 C6713 标准设计	符合
2	例如：飞控程序加载，上电首先运行监控程序，在监控程序的管理下，加载并启动飞控程序；监控程序具有飞控代码下载功能	控制器上电后，首先运行监控程序，等待地面命令，根据不同命令完成加载、启动飞控程序、下载等不同功能	符合任务书要求	采用标准监控模板设计	符合
…					

该部分复核完成后应给出结论，明确说明功能设计的复核结果，覆盖或未覆盖，未覆盖需要说明原因。

（3）性能指标的复核

主要针对任务书所列的各项功能及接口中提出的技术指标要求、关键技术参数等逐项列表，并检查设计结果的包含性，还应包括可靠性和热设计、抗辐射设计、静电放电控制设计等环境可靠性指标，确保技术指标设计的结果包含或满足任务书要求，直接填写表 4－2。

表 4－2　性能指标设计复核表

序号	任务书中功能接口技术指标	设计结果	是否覆盖任务书技术指标要求（是/否）	结论（或特殊情况说明）
1	例如，飞控程序加载方式： 1）存储器引导； 2）在线加载； 3）在线编程； 4）运行飞控程序	1）存储器引导：将片外飞控程序存储区中的程序加载到 DSP 内部程序区。 2）在线加载：通过 1553B 总线将飞控软件在线加载到 DSP 内部程序区。 3）在线编程：通过 1553B 总线将飞控软件在线写入到 DSP 片外飞控程序存储区。 4）运行飞控程序	满足飞控程序加载方式要求	符合

续表

序号	任务书中功能接口技术指标	设计结果	是否覆盖任务书技术指标要求（是/否）	结论（或特殊情况说明）
2	外部中断源： 5 ms 定时中断优先级； 主令和出筒中断； 1553B 通信中断； 卫导对时中断、天文对时中断。 优先等级依次递减	外部中断源： INT4—5 ms 定时中断； INT5—主令中断、出筒中断； INT6—1553B 通信中断； INT7—卫导对时中断、天文对时中断	满足中断级别要求	符合
…				

该部分复核完成后应给出结论，明确说明性能指标设计的复核结果，未覆盖则需要说明原因。

（4）元器件选用结果的复核

对设计完成的逻辑选用元器件进行汇总分类，并进行分析，给出选用总数量和分类占用百分比。同时，针对元器件质量控制要求和优选目录控制要求进行对比分析，给出符合要求的百分比和超出要求的选用理由，并按照控制程序要求提出需申请上报的审批清单，还应列出目录外和低于规定质量等级的元器件型号、厂家、质量等级清单。分析选用元器件的可获得性、保障能力以及国产化替代的可行性。根据实际结果填写表 4－3。

表 4－3　元器件选用结果复核表

序号	复核项目	复核结果		
1	选用总数量	器件＿＿＿＿个	元件＿＿＿＿个	（其他）＿＿＿＿个
2	进口元器件	＿＿＿个，占＿＿%	＿＿＿个，占＿＿%	＿＿＿个，占＿＿%
3	国产元器件	＿＿＿个，占＿＿%	＿＿＿个，占＿＿%	＿＿＿个，占＿＿%
4	优选目录内	＿＿＿个，占＿＿%	＿＿＿个，占＿＿%	＿＿＿个，占＿＿%
5	满足质量等级要求的元器件	＿＿＿个，占＿＿%	＿＿＿个，占＿＿%	＿＿＿个，占＿＿%

结论部分，通过选用分析，给出选用评价的结论。如果国产元器件的品种与数量未满足 95％时，应给出原因说明以及以后的措施。

（5）元器件降额设计复核复算

应按照计算机产品降额设计要求的项目和条件进行分析，在此基础上突出对以下项目的复核与复算。

①电容耐压降额复核

要求对于不同用途的电容进行分类，按照所选电容的额定耐压值与实际逻辑中的电压值进行比较，判断其降额等级，尤其要考虑绝缘、耐压试验条件的满足情况。对于不能达到Ⅱ级及以上降额要求的应列出，并分析说明。

②电阻功率降额复核

要求对不同用途的电阻按照选用功率进行分类，复查逻辑中最坏情况下流过该电阻的电流，计算最大功率与所选功率是否满足Ⅱ级及以上等级的降额要求，对于不满足要求的进行分析和说明。

③模拟参考源的驱动能力降额复核复算

要求对模拟参考源器件在三温条件下的输出负载能力满足所带负载对应温度环境条件下的额定需求值进行复核复算，判断裕量大小及符合的降额等级，对于低于Ⅱ级降额的情况要进行分析和说明。

④工作环境温度降额复核

对所有元器件的工作温度范围与对应整机最严酷温度环境条件下该器件所处环境的温度进行比较。将温度差接近 5 ℃或不能满足温度要求的元器件进行列表，进行分析说明，并制定对应的措施。同时，针对随整机进行元器件筛选的元器件进行列表清理，确认筛选温度是否符合所标要求，是否在元器件的允许温度范围内。

⑤保险丝熔断能力复核复算

要求分析计算所选保险丝的熔断电流与实际正常工作时流过保险丝的电流值是否包容，并计算所设置的短路电流保护值。

⑥继电器驱动能力与触点电流能力复算

要求计算继电器线包驱动器的驱动能力与线包可靠导通所需电流的差值，复查继电器触点电流承受能力与信号电流的最大要求值是否满足降额要求，并给出明确结论，注意复查时还应复查继电器线包驱动逻辑中是否采取了防反峰二极管进行电流泄放。

⑦信号通路连接器触点电流能力复算

要求复查信号通路中连接器触点电流的额定值是否大于信号实际最大电流，有多少裕量。

（6）时序与负载能力复核复算

负载能力的复核应重点针对以下项目进行。

①功率器件输出负载能力降额复算

要求对各类功率器件或接口驱动器件在三温、瞬态等条件下的输出电流能力满足所带负载对应温度环境条件下的额定电流需求值进行复算，判断裕量大小和符合的降额等级，对于低于Ⅱ级降额的情况要进行分析和说明。

②总线信号时序及驱动能力复算

分析计算总线各信号所带负载的个数以及总线信号时序的完整性、参与 I/O 译码信号的同步延迟性、总线驱动器的驱动能力等是否能够满足三温条件下的动态响应要求，给出明确结论。

③电源的负载能力复算

1）估算复核整机对一次电源功率在三温条件下的需求能否满足系统所能够提供的能力指标，填表 4－4，并给出明确结论；

2）对照逻辑图和所选器件手册，计算各路二次电源在三温条件下所需的最大实际功耗之和，对照二次电源设计任务书，填表 4－4，并给出结论；

3）对照逻辑图和所选器件手册，计算各路三次电源在三温条件下所需的最大实际功耗之和，对照所选电源变换器芯片所能够提供的能力指标，填表 4－4，并给出结论；

4）对照电源设计方案，复核方案或任务书中要求隔离的电源是否进行了隔离设计，必须给出明确结论。

表 4－4　电源负载能力复核结果表

序号	电源名称	指标要求值	实际设计值	实际复核值	设计裕量	结论
1	例如：二次电源	5 V/22 W	22 W	13 W	9 W	满足
2	例如：三次电源 DSP HWD70302	3.3 V/6.6 W	6.6 W	0.826 W	5.774 W	满足
…						

关于电源的名称，是指从电源输入和经过变换产生的所有电源，各电源的名称应与任务书名称一致。一般来说，表中电源名称包括所有一次电源、二次电源（通过一次电源 DC/DC 变换产生）和三次电源（通过二次电源 DC/DC 变换产生）。

（7）时序保障能力复核复算

时序保障能力复核复算应重点保证以下项目的进行。

①上电时序复算

要求复查主电源上电时间与接口电源上电时间的设计指标，确保快速上电，在上电过程中所有输出信号处于无效状态，给出复查结果和明确结论。

②复位脉冲信号宽度复算

要求复查复位脉冲信号宽度的设计指标，要确保 CPU、FPGA 和所有 I/O 接口都能可靠复位，给出明确结论。

③FPGA 或 CPU/DSP 程序加载时序复算

要求复查复位脉冲信号的宽度、FPGA 程序加载时间、CPU/DSP 上电工作模式加载时间的设计值，确保复位信号结束时 FPGA、CPU/DSP 处于工作准备好状态，对复查结果给出明确的指标和结论。

④内总线及重要控制信号时序设计裕量复算

要求对所选晶体或晶振的频率进行复核，确认是否符合任务与处理器、FPGA 等的要求；对晶体辅助振荡逻辑中电容取值是否合理、内总线信号的延迟是否一致、总线信号的驱动能力是否足够等内容进行复核，并给出明确结论。

⑤元器件选用与工作极限频率适应性设计裕量复算

从整机系统稳定可靠工作的角度，分析 CPU 在极限工作频率或 CPU 工作在零等待模式下，所选用的元器件在全温条件下的允许工作频率是否与 CPU 极限工作频率相适应，并留有一定裕量（应重点关注 EPROM、RAM、FLASH、FPGA 和 A/D、D/A 等对速度敏感及信号延迟较大的器件，并在首台产品调试时进行验证，防止出现器件参数离散性引起的时序不匹配问题），给出明确结论。

（8）接口的抗干扰能力复核复算

接口的抗干扰能力复核复算重点针对输入接口进行。

①不隔离数字接口信号抗干扰能力复核

不隔离数字接口信号抗干扰能力复核，应重点针对板与板之间或设备接口之间的不隔离数字输入信号进行逐一审查，是否存在信号电平不匹配、驱动能力不匹配，以及是否缺少信号缓冲、滤波等措施，给出明确结论。

②隔离接口信号抗干扰能力复算

隔离接口输入信号的抗干扰能力复核复算，应重点对光电隔离器件的传输比选择、驱动电流、匹配电阻参数的选择等进行在输入信号极限指标条件下的适应能力详细计算分析，并确定对光电隔离器件传输比的控制提出了筛选要求，具体复核复算方法参照以下案例进行。

［案例］×嵌入式计算机信号隔离接口设计结果如图 4－1 所示。

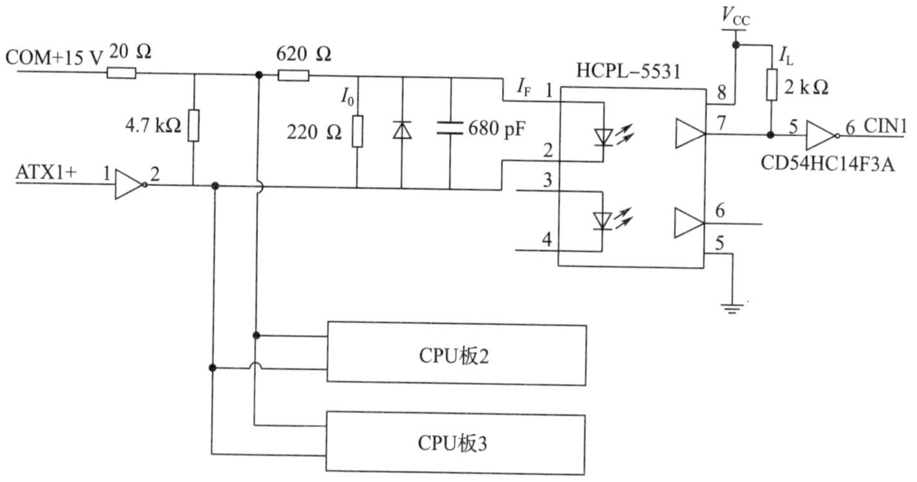

图 4－1　嵌入式计算机信号隔离接口设计图

具体复核复算方法与内容如下：

1）光耦的选择。图 4－1 中选用光耦器件为 HCPL－5531。典型参数为速度 400 kbps、电流 I_F=10～20 mA、电流传输比典型值 20%，物资订货时，增加筛选条件为电流传输比 20%～40%、管压降 1.5 V。

2）电阻的选择。分流电阻阻值取 220 Ω，HCPL－5531 管压降 V_F 取 1.5 V，整形电路 CD54HC14F3A 的 V_T 取 1.8 V。

分流电流为

$$I_0 = 1.5\ \text{V}/220\ \Omega = 7\ \text{mA}$$

正常情况流入光耦电流为

$$I_F = (15\ \text{V} - 1.5\ \text{V}) / (620\ \Omega + 20\ \Omega \times 3) - 7\ \text{mA} = 12.85\ \text{mA}$$

光耦传输比为 20%～40%，当光耦传输比取最小值 20%时，光耦输出端流过的电流为 12.85 mA×20%=2.57 mA，而由于输出端接有 2 kΩ 的上拉电阻，最大可流过电流为 2.5 mA，因此光耦输出端的输出电压接近 0 V，该接口能可靠地接收输入脉冲。

3）抗干扰能力设计。当电流传输比取 20%时，输入信号电压应大于 12.76 V，计算如下

[（5 V−1.8 V）/2 000 Ω/20%+1.5 V/220 Ω] ×（20 Ω×3+620 Ω）+1.5 V=11.56 V

当电流传输比取 40%时，输入信号电压应大于 8.37 V，计算如下

[（5 V−1.8 V）/2 000 Ω/40%+1.5 V/220 Ω] ×（20 Ω×3+620 Ω）+1.5 V=8.84 V。

4）降额设计。620 Ω 电阻功耗为 19.75 mA×19.75 mA×620 Ω=0.24 W，选取 0.5 W 电阻，满足Ⅰ级降额要求。220 Ω 分流电阻功耗为（1.5 V/220 Ω）×1.5 V=0.01 W，选取 0.25 W 电阻，可以满足Ⅰ级降额要求。

5）输入反向电压。输入端二极管起保护作用，防止发光管反向击穿。

6）输入 RC 滤波。脉冲信号宽度为 4 μs，RC 滤波常数取 0.4 μs 左右，因输入电路等效电阻为 620+82×3=866 Ω，可计算出 C 为 680 pF。因此，该隔离接口参数选择合理，具有一定的抗干扰能力，对光电耦合器提出了筛选控制要求。

③器件浮空管脚的处理复核

要求对所有图纸中各个器件的管脚进行清查，是否有输入管脚浮空，必须给出明确的结论和处理措施。

④内部逻辑信号电平匹配性复核

要求认真复查每个器件的管脚电平指标，对照互连的各个管脚是否存在电平不一致的情况，必须给出明确结论。

⑤潜通路复核

要求对设备接口之间、不隔离电源涉及的逻辑接口之间的逻辑进行审查，检查由于设备之间或模块之间电源加电时间的不一致和正常工作电压的不一致是否存在意外的电流通路或电流倒灌现象，必须给出明确结论。

（9）可编程逻辑设计复核复算

可编程逻辑设计的主要对象是指可以进行逻辑编程和写入的 FPGA、CPLD 等器件。要求对可编程逻辑从两个方面进行复核复算。

①硬件逻辑设计复核复算

主要对可编程器件的电源供电设计、管脚信号电平设计是否满足器件要求进行复核，对其是否与所有相连器件电平指标匹配、驱动能力是否存在不足进行复算，对是否有未处理的空管脚等进行复核，必须给出明确结论。

②软件编程复核

要求画出可编程逻辑设计系统功能框图，说明实现的功能与设计要求一致，所用 IP 的来源及成熟度，检查时钟的同步设计、资源占用等情况，说明设计验证计划和结果，给出评价意见。

对于 FPGA 的详细设计必须遵循相应的 FPGA 设计规范、仿真验证规范和文件编写

规范，完成之后进行专项评审。

(10) 工艺设计复核

要求工艺设计复核的内容包括：

1) 机箱连线、电连接器连线是否存在一点焊多线的禁限用工艺设计；

2) 每块印制板是否设计了便于测试的各类电源、地的测量点，即特定必测信号的专用工艺测量点（如时钟、模拟参考信号等。一般情况下，不允许将测试探头固定在器件管脚上，容易引起短路）；

3) 所采用的继电器、晶振以及大质量等振动应力敏感器件是否应采取减振、加固工艺设计，是否进行布局分析；

4) 对超过工艺允许高度的元器件干涉性进行分析复核，对发热的元器件是否在布局安装等方面设计了具体的工艺措施；

5) 对于研制阶段经常更换 EPROM 等器件是否考虑并行备份插座等工艺措施；

6) 机箱接壳点及导通设计是否能够保证导通率的要求；

7) 机箱振动应力分析，印制件可能达到的应力预计结果，减振器选用是否合理；

8) 机箱接触面平整度、表面工艺处理是否满足散热要求，是否容易加工，是否不易脱落；

9) 进行 PCB 设计及工艺实施安全间距复核，确保印制线与周围安装孔及元器件壳体绝缘，元器件之间及元器件与壳体之间是否存在干涉。对于 PCB 的详细设计必须遵循相应的 PCB 设计规范、校验规范和印制板生产工艺要求等，完成之后应请工艺与逻辑设计人员进行专项审查确认，通过之后方可投产。

对于以上这些容易引起产品质量稳定性的工艺措施要结合产品特点逐项分析，明确分析结果，如果有必要可对工艺提出要求。

(11) 配套软件设计复核

要求对照任务书配套需求及产品调试、试验、交付过程中所需配套软件的项目、功能及现行有效版本进行复核，填表 4-5。

表 4-5 配套软件复核结果表

序号	软件名称	编程语言	软件功能描述	用途	版本号	结论
1	例如：弹上监控软件	C 语言	监控软件	飞行软件、地面测试软件上传并执行	2.00	一致
2	例如：弹上测试软件	C 语言	测试软件	产品调试、试验、交付	2.01	一致
…						

所设计的配套软件应能够满足任务书要求和产品调试、试验、交付过程的需要。

(12) 测试覆盖性复核

要求针对功能复核、性能指标设计复核的项目结合测试设备与测试软件功能，对照检查说明功能与性能指标的可测试性以及冗余功能的可测试性。复核结果结合表 4-6 进行。

表 4-6　测试覆盖性复核结果表

序号	功能、性能指标项目	对应测试软件功能模块	测试覆盖结论	备注
1	例如：DSP 外部中断测试应正确	DSP 外部中断测试	可测试	
2	例如：时钟同步测试应正确	时钟同步的测试	可测试	
…				

通过分析，应说明功能、性能指标的测试覆盖程度（无法自动测试的项目可以通过手动或专项测试也算覆盖）。

（13）环境适应性复核

要求针对任务提出的产品包装、运输、筛选试验、工作与贮存等环境温度条件与振动应力条件等，从结构设计、元器件选用设计、印制板布局设计、散热与抗振设计及试验项目与条件等方面分析对环境适应性的设计与验证覆盖，并给出明确结论。

（14）复核复算结论

结论中要求明确的内容应包括：

1）归纳总结复核复算的项目；

2）给出复核复算后的评价结论；

3）提出存在的问题和需要专家重点审核的项目。

4.2.4　复核复算会议资料的准备要求

召开复核复算会议前，型号产品设计师系统负责按照第 4 章的要求，组织设计师进行自行复核复算并编写复核复算报告提供给会议。同时，提供会议的资料还有完整规范的逻辑图、元器件选用报告，要求逻辑图必须是按照方案完成设计的最终状态，图纸必须清晰、可阅读。这些资料必须至少提前 3 天发给参加会议的评委。

4.2.5　复核复算会议专家组成要求

参加复核复算评审会的专家评委由会议组织单位与产品承制单位共同协商确定，但评委组成原则上应根据产品的功能特点确定，一般包括同类型的 CPU 系统设计、模拟、通信与转换接口设计、电源设计、结构设计、软件设计、FPGA 设计、工艺设计、可靠性设计、测试设计方面的专家及相关人员。评审组的组长应由技术副总师或以上级别人员担任。

4.2.6　复核复算评审会的要求

复核复算评审会专家的组成由会议组织单位与产品承制单位共同协商确定。会议资料必须至少提前 3 天发给评委，会议时间地点由会议组织单位确定并通知评委，确保拿到资料的评委都能够按时到会，如果不能到会可收集书面意见。要求被评审产品的全体设计师都应到会，对评委提出的问题进行记录，并做出回答。会议组织单位负责评审结论讨论稿的起草和会议待办事项的落实与督办。会议应形成明确的结论意见，并由评委按规定签字，以便确定下一步的工作。

第5章　军用嵌入式计算机缺陷激发试验方法

按照一般的研制流程，当军用嵌入式计算机按照技术条件的规定完成所有筛选试验、交收试验、例行试验和出厂考核后，产品就具备交付条件了。但每一个型号工程研制阶段，都有可能发生产品质量问题，有些问题故障特性明显，可以直接进行故障定位，而有些故障的故障特性不是直接表现在一个点上，而是多个点相关，与环境因素有关联，这类问题的定位与排查一般较为复杂。为了快速查清这类问题，进一步查找军用嵌入式计算机在设计、生产工艺中的薄弱环节，验证计算机产品的环境适应性和可靠性，一般会采用缺陷激发试验进行。这种激发试验的项目可根据激发验证的目的不同，分为：

1）温度步进应力激发试验；

2）振动量级步进应力激发试验；

3）综合应力激发试验。

5.1　试验目的

不同的应力激发条件适用于不同的问题排查，根据经验，应先根据问题初步分析，选择相应的方法进行激发复现。如果一种方法还无法激发可以考虑采取多应力并行激发，直到故障复现，此时应固定激发应力条件，对故障进行跟踪确认，直至最后定位。采取措施解决后，一定还要在该环境应力条件下进行验证，以便证明故障定位与措施解决的彻底性。

1）通过温度步进应力激发试验，诱发计算机的元器件、逻辑组合时序、电源及信号完整性和功率匹配等方面的潜在设计缺陷，寻找设计、工艺上的薄弱环节；

2）通过振动量级步进应力激发试验，诱发印制板生产、元器件装焊、整机装配和工艺防护加固等方面的设计缺陷，验证计算机对环境的适应性和可靠性；

3）通过温度、湿度、振动和电等多因素综合应力的共同激发，检验产品设计、工艺及元器件等方面对任务书提出的功能、性能的符合性，验证产品的设计可靠性结果。

5.2　被试产品状态和数量要求

被试产品一般应是通过交收试验考核的可以交付产品，或者是通过交收试验考核、同批组中完成了例行试验的产品。要求被试产品的技术状态与交付产品一致，装配完整，工艺无更改。考虑到成本因素，一般被试产品的数量最少为1台。

由于缺陷激发应力试验具有破坏性，因此对3种激发试验项目的选择可以根据试验目的进行确定，如果希望全面验证，则建议应按照温度步进应力激发试验、振动量级步进应力激发试验和综合环境应力激发试验的次序进行。

5.3　试验项目和方法

5.3.1　温度步进应力试验

温度步进应力试验可以分为高温步进应力试验和低温步进应力试验。这两种试验虽然温度应力范围不同，但其试验方法基本相同，只是考核产品的效果对象不同罢了。

(1) 高温步进应力试验

①试验条件

从产品技术条件规定的高温工作温度开始，如 60 ℃，在此温度下保持 2 h，确保温度达到均衡，然后以步长为 5 ℃、温变率 10 ℃/min 进行试验，最高温度可以至 85 ℃，每个温度台阶保持 30 min，温度达到均衡后完成功能和性能测试。

高温步进应力试验剖面如图 5－1 所示。

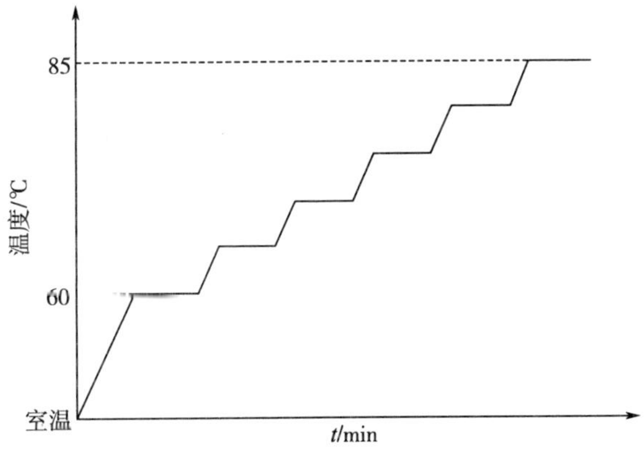

图 5－1　高温步进应力试验剖面示意图

②试验要求

产品开盖进行试验。在高温步进的过程中，应对产品加电测试，如果发现产品工作异常，应立即降至上一步的温度，然后进行全面检测；如果产品工作恢复正常，则判定产品出现异常的温度为产品的高温工作极限温度；如仍然不正常，则判定产品出现异常的温度为产品的高温破坏极限，将高温破坏极限减去 5 ℃视为产品高温工作极限；若在试验过程中没有异常，则将 85 ℃视为产品高温工作极限。

在试验过程中，用温度测试仪分别监测产品中容易发热或功率较大的器件的表面温度，在每个温度梯度中都应记录，以此寻找各器件对高温的适应极限，可以为采取工艺散热措施提供依据。

（2）低温步进应力试验

①试验条件

从产品技术条件规定的最低工作温度开始（如－10 ℃，一般从室温开始），进行温度保持 2 h，确保温度达到均衡；然后，以步长为 5 ℃、温变率 10 ℃/min 进行降温试验，最低试验温度可以降至－55 ℃，每个温度台阶保持 30 min；温度达到均衡后加电完成功能和性能测试，测试完成后断电。

②试验要求

其试验方法基本同高温步进应力试验，但是试验中产品不能开盖进行试验，以免低温水汽凝结，加电后造成印制件逻辑断路而损伤元器件。在低温步进的过程中应对产品加电测试，重点考核产品在不同低温下一次加电启动是否成功，在不同的低温下产品功能、性能是否正常。如果发现产品工作异常，应立即升至上一步的温度，然后进行全面检测；如果产品工作恢复正常，则判定产品出现异常的温度为产品的低温工作极限；如仍然不正常，则判定产品出现异常的温度为产品的低温破坏极限，将低温破坏极限减去 5 ℃视为产品低温工作极限；若在试验过程中没有异常，则将－55 ℃视为产品低温工作极限。

5.3.2 振动量级步进应力试验

（1）试验条件

1）以产品敏感方向（一般为垂直于印制板方向）为轴向进行振动；

2）产品安装与产品筛选振动试验安装方法相同（不带减振器）；

3）试验振动量级的选取以筛选随机振动试验条件为基础，如果筛选振动最大量级为 20 g，则振动量级步进应力依次为 24 g、28 g、32 g、36 g、40 g，共 5 次，每次振动时间持续 5 min。

（2）试验要求

在振动步进的过程中应对产品加电测试，如果发现产品工作异常，应立即降至上一步的振动量级，然后进行全面检测；如果产品工作恢复正常，则判定产品出现异常的振动量级为产品的振动工作极限；如仍然不正常，则判定产品出现异常的振动量级为产品的振动破坏极限，将振动破坏极限减去 4 g 视为产品振动工作极限；若在试验过程中没有异常，则将 40 g 视为产品振动工作极限量级。

5.3.3 综合应力试验

（1）试验条件

综合应力试验采用快速温变应力，下限温度为产品温度循环试验中的低温，如－40 ℃；上限温度为高温工作极限减去 10 ℃，但不低于高温工作温度。温变率为 10 ℃/min。

振动应力在敏感方向加载，振动应力在每个循环的高温段进行。振动应力按极限值的 80%进行施加，每次振动时间持续 5 min。其振动谱型与产品技术条件规定的随机振动试验条件相同。

在不同的应力点应对产品进行加电测试。

(2) 试验要求

高温台阶温度达到后保温 120 min，然后加电进行测试并施加振动应力共 15 min（其中含 5 min 的振动时间）。低温台阶温度达到后保温 120 min，然后加电进行测试 15 min。综合应力试验剖面示意如图 5－2 所示。试验过程中应按实际应用安装方式进行安装，即安装减振器。

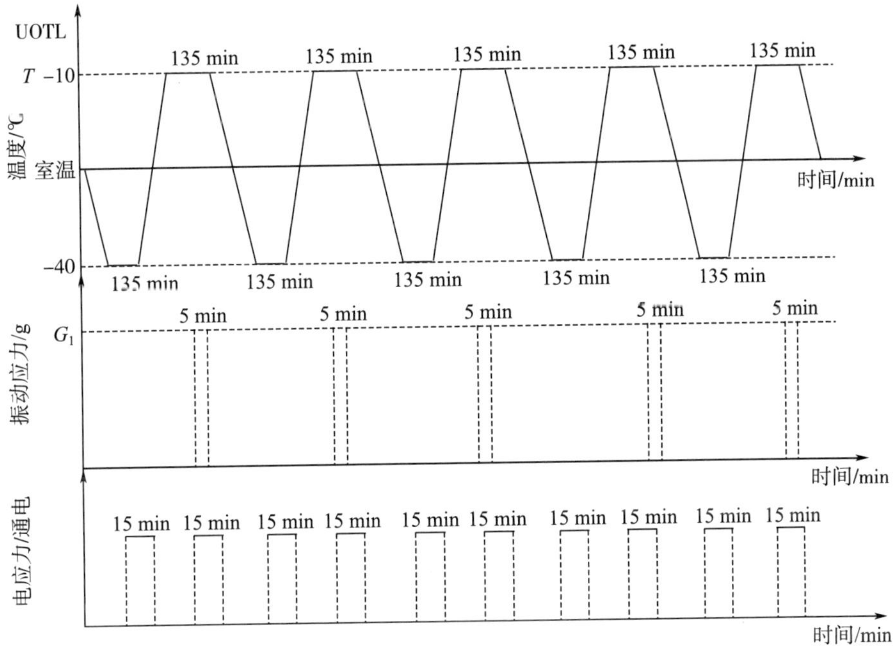

图 5－2　综合应力试验剖面示意图

T——高温极限温度（如 70 ℃）

5.4　试验停止的基本要求

在温度步进应力、振动量级步进应力、综合应力试验中，如果出现以下两种情况之一，试验即可停止，修复后转入下一试验环节：

1) 若稍微增大应力就会出现多个故障的应力点，故障分析结果表明会涉及产品多个部件的灾难性故障，此时已找不到有效纠正措施；

2) 随着更高应力等级的引入，产生新的失效机理，出现不相关的失效。

5.5　试验数据的记录与处理要求

在步进应力缺陷激发试验中，每一次应力试验前、试验期间和试验后均应对被试产品进行性能测量。试验前和试验后的性能测量均应在标准大气条件下进行（温度 15～35 ℃；

相对湿度 20%～80%；气压为试验场所的气压)，并把实际大气条件记录在试验报告中。

(1) 试验前性能测量

试验前的性能测量应在产品被装入试验设备后进行。测得的性能应符合设备技术文件的规定，并作为与试验期间和试验后测得的性能进行比较的基准。

(2) 试验期间性能测量

每一个应力试验期间，应测量和记录产品的性能，以确定产品性能是否符合技术文件的规定，并将测得的性能数据与试验前和试验期间其他阶段中测得的性能数据进行比较，以确定被试产品性能变化的趋势。

(3) 试验后性能测量

试验结束后，应测量和记录被试产品的性能，以确定产品性能是否符合技术文件的规定，并将测得的性能数据与试验前和试验期间测得的性能数据进行比较，以确定被试产品性能变化的趋势。

5.6 故障判别准则和故障处理

(1) 故障判别准则

被试产品的一个或几个功能丧失，或其参数超出了允许范围，或影响其功能的机械部件、结构部件或造成元件的破裂、断裂或损坏，均称为故障。

(2) 故障处理

对出现的所有故障应予以记录，并进行分析：

1) 更换有故障的零部件，对故障的零部件进行失效分析；

2) 根据失效分析结果，确定是否为产品设计或生产中潜在的缺陷或薄弱环节；

3) 若产品的物理、化学变化量仍在相应的边界条件内，即正常使用环境中的失效机理没有发生改变，则修复后转入下一项试验，如果确定为累积损伤的故障，修复后继续试验；

4) 当失效机理不再是实际使用中的典型机理，且不为累积损伤的故障，应停止试验。

试验完成后，进行试验总结，并形成试验报告。

第 6 章　军用嵌入式计算机系统环境适应性模拟验证

6.1　建设军用嵌入式计算机系统环境适应性模拟验证系统的必要性

军用嵌入式计算机系统环境适应性模拟验证对于分析排查产品深层次质量隐患很有必要。一般传统的试验考核方法不一定能够完全激发所有薄弱环节，除了按照技术条件进行单项考核试验验证外，如果产品出厂前没有经过实际应用综合环境的考核，产品考核是不全面的。产品一旦交付，进入实际系统环境开始工作，经常会发生各种问题。只有在产品出厂前进行等效系统环境的模拟试验验证，才能尽可能地减少在系统中发生问题。

例如，下面这种深层次多因素计算机故障就非常特别，在系统中隐藏也比较深，是缺乏系统模拟验证的典型案例。其分析过程非常具有代表性和启发性。

（1）故障现象概述

2016 年×月，某型计算机 1＃产品经验收测试正常（验收测试现场环境温度约为 25 ℃），但在系统综合测试（综合测试现场环境温度约为 22 ℃）中，出现了测试软件显示“综合测试程序执行异常”的现象。重复加电测试，故障可以复现。更换地面综合测试系统后进行 10 次测试，故障可以复现 4 次，证明与地面测试系统无关。更换 1＃计算机产品后进行 20 次测试，故障未复现，说明故障在 1＃计算机产品中。

（2）问题定位过程

该型计算机产品设计完成于 2006 年，10 年来已连续生产了多台，一直未改变技术状态，未曾出现过此类故障现象。该计算机的功能框图如图 6－1 所示。其工作原理是：计算机加电后，由电源转换芯片完成各芯片的工作电源的转换，LS706T 器件完成复位控制，复位结束后，处理器运行自带的 Bootloader，从 FLASH 中将监控软件加载到外部 SRAM 空间并运行，监控软件根据综合测试系统命令将 FLASH 中固化的专用测试程序加载到内部 RAM 中并执行，FPGA 主要用于为 FLASH 芯片产生片选、读写信号。

1）在该计算机专用测试系统条件下，进行不同环境温度试验发现，在 25 ℃及以上各进行了 50 次测试，故障未复现，模拟故障现场环境温度（22 ℃），共测试 20 次，故障复现 9 次。当温度低于 10 ℃时，故障消失。说明该故障与环境温度有关。

2）在故障现象复现时，通过仿真器查看 DSP 内部 RAM 存储器 0x800000 开始的区域代码，发现与专用测试程序目标代码不一致。查看 FLASH 空间数据，发现数据异常。读写内部 SRAM、外部 SRAM 空间，操作正常。说明该故障计算机从 FLASH 中加载专用测试程序时异常，与内外部 SRAM 无关。

3）正常加载过程中，DSP 处理器 VC33 上电后通过自带的 Bootloader 将监控程序从

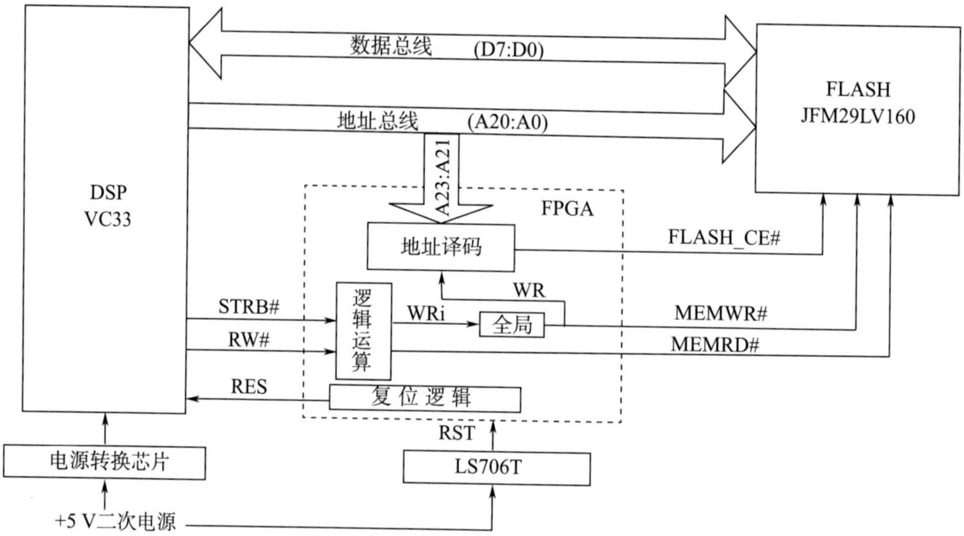

图 6－1　故障计算机产品的功能框图

FLASH 中的 0x400000 搬移到 0x780000 并运行，随后在综合测试系统指令的控制下，监控软件执行加载综合测试程序命令，将处理器 PC 指针跳转到综合测试程序的程序入口执行。监控软件的流程如图 6－2 所示。

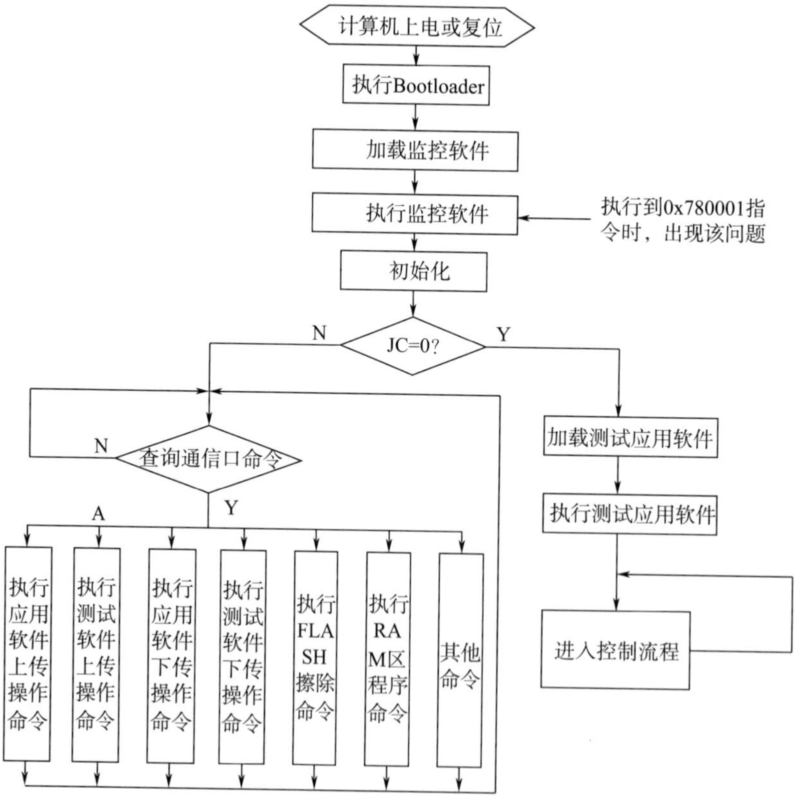

图 6－2　故障计算机产品监控软件流程图

问题复现时，通过仿真器跟踪排查，发现处理器执行监控软件 0x780001（.word 0x0fffffff）处的指令后，从 FLASH 中读取到的综合测试程序搬移长度数据异常，错误数据为 0x01010000，访问 FLASH 空间的其他地址，发现数据也异常。

在此情况下，运行 0x780001（.word 0x0fffffff）处的指令，用示波器观察 FLASH 的控制信号，发现 FLASH 片选信号和写信号有效，地址线低 8 位 A7～A0 为 0x77（FLASH 片选地址），数据线低 8 位 D7～D0 为 0x98，即 VC33 执行了向 FLASH 的写入指令，即向 FLASH 空间写入 0x98 的操作。说明该故障与 0x780001 处的指令（.word 0x0fffffff）有关。

4）通过进一步大量的试验验证与分析，发现处理器向 FLASH 空间写入的 0x98 数据与 VC33 内部 R7 寄存器低八位数据一致，如图 6－3 所示。用于生成 FLASH 片选的 A23－A21 地址线“010”与 AR7 寄存器中的第 23 位到第 21 位一致。由此推断，处理器 VC33 在执行 0x780001（.word 0x0fffffff）处的指令时，会导致将内部 R7 寄存器内容向 AR7 地址的写操作。使用工艺机进行验证，将 AR7 和 R7 寄存器配置为不同内容，对处理器地址总线和数据总线进行测量，发现数据总线和地址总线输出与 AR7 和 R7 寄存器低 32 位的数据一致。说明该故障与 VC33 内部寄存器的上电初始状态有关，这种状态差异与环境温度相关。

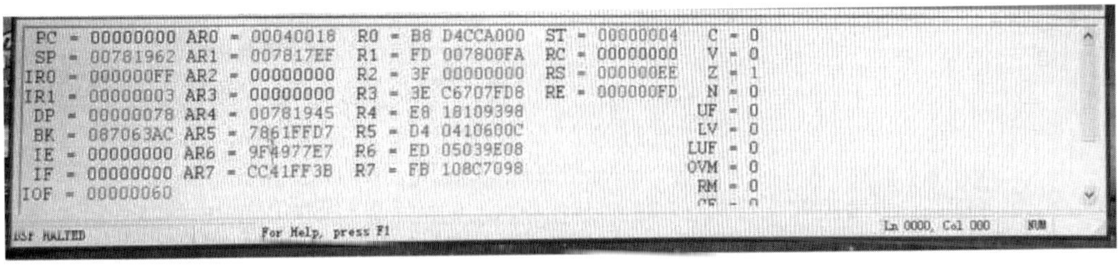

图 6－3　故障计算机 AR7 和 R7 寄存器初始值截图

5）经进一步分析确认，发现从 FLASH 中读取到的异常内容为 FLASH 在 CFI 模式下的数据，即故障时 FLASH 异常进入了 CFI 模式。CFI 为 FLASH 芯片通用的一种接口，定义了芯片和系统软件的问答握手协议，用于软件读取器件的厂家信息和芯片的具体使用情况。查询厂家提供的 JFM29LV160 手册，关于 CFI 模式的使用说明如下：“当系统在芯片处于读模式时发出 CFI 查询命令后，芯片进入 CFI 查询模式（WORD 模式下将 98h 写到偏移地址 55h，BYTE 模式下将 98h 写到偏移地址 AAh）。系统可以从 CFI 规范定义的地址读到 CFI 信息。要结束读取 CFI 数据，系统必须发出复位命令”。根据手册，计算机采用的是字节模式，要进入 CFI 查询模式，必须向偏移地址 AAh 写入 98h，退出 CFI 查询模式需要向任意偏移地址写 F0h。经验证，发现 FLASH 偏移地址为 0x77、0x7B、0x3B 等值时，向 FLASH 写入 0x98 均可进入 CFI 模式。进入 CFI 模式后，VC33 无法从 FLASH 中读取到真正的数据，必然导致后续加载异常。说明该故障也与 FLASH 器件的工作模式相关。

综上所述，计算机出现加载综合测试程序异常的原因是，由于 VC33 处理器在执行用于变量初始化代码的语句（. word 0x0fffffff）时，存在将数据寄存器 R7 内容写入地址寄存器 AR7 地址的非预期操作，在特定温度条件下，当 AR7 和 R7 的内容满足 FLASH 器件的 CFI 查询模式操作时，FLASH 进入 CFI 查询模式，使 FLASH 数据访问出错，最终导致综合测试程序加载失败。

（3）故障机理分析

① . word 0x0fffffff 指令产生与执行原因分析

VC33 处理器的编译器在编译 C 语言程序时，必须选择初始化模式（RAM/ROM Autoinitiation Model），两种模式在代码段开始位置都会编译出两条无关数据。查看 TI 集成开发环境库函数 rts. src 参考源码，发现编译器在程序入口前自动放置了两个指令库需要使用的数据，第一个数据为堆栈（stack）位置，第二个与选择的“RAM/ROM Autoinitiation Model”相关。当选择“RAM Autoinitiation Model”选项编译，不需要初始化数据表，此时 init _ addr 中应存放－1，即 ffffffff；当选择“ROM Autoinitiation Model”选项编译，第二个数据为 cinit 段地址。该型计算机产品当时编译程序时选择了“RAM Autoinitiation Model”选项，如图 6－4 所示。监控软件编译后产生了 . word 0x0fffffff 指令。

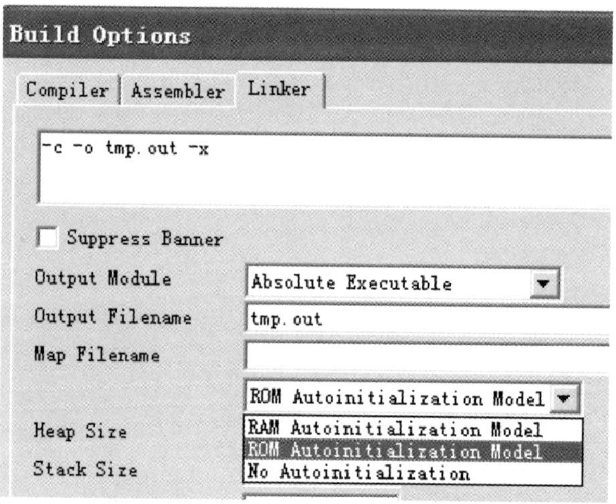

图 6－4　VC33 编译器模式选择

当监控软件采用 Bootloader 方式加载到片外 RAM 中运行，选用“RAM Autoinitiation Model”，所编译出的第二个数据为 0xffffffff 当成指令码被执行，会产生写数据动作，即将 R7 寄存器中数值写到以 AR7 寄存器为地址的存储器中。这种结果在监控软件编译完成后就一直存在。

经反复试验发现，此现象是由于 TI 指令集中对并行双指令（是指 VC33 支持两条指令并行，其中一条为算数指令，另一条为存储访问指令）的译码不全导致的，属于原始设计缺陷，这里不做详细分析。

②不同温度条件下 VC33 寄存器 R7、AR7 初始值不一致性分析

VC33 有 8 个扩展精度寄存器 R0～R7 和 8 个辅助寄存器 AR0～AR7。寄存器 R7 是扩

展精度寄存器中的一个，寄存器 AR7 为 VC33 辅助寄存器 AR0～AR7 中的一个。R7 和 AR7 均为通用寄存器，其初始值上电后是随机的，不是固定的 0x00 或 0xff，也不受复位信号影响，这是由 VC33 的工艺特性决定的。在具体应用中，当系统环境确定后，对于不同的 VC33，AR7 和 R7 寄存器上电后初始状态也不能保证完全一致。VC33 上电后，若对 R7、AR7 无操作，其初始值将始终保持不变。同一个体 VC33，每次上电后 R7、AR7 各自初始值的大部分位都可能保持相同，个别位会不同。对于不同个体 VC33，上电后的 R7、AR7 初始值可能随温度变化存在较大差异。

为此，对故障计算机在 10 ℃、18 ℃、22 ℃、25 ℃条件下的 R7、AR7 寄存器初始值进行了测试验证，结果如下：

1）在 10 ℃条件下，R7 低 8 位多为 0x88、0x08 等值，未出现 0x98，故障未复现；

2）在 18 ℃条件下，R7 低 8 位多为 0x88 或 0x98，AR7 寄存器 D21～D23 位出现 010 值 2 次，故障复现，概率为 10%；

3）在 22 ℃条件下，R7 低 8 位多为 0x98，AR7 寄存器 D21～D23 位出现 010 值 9 次，故障复现，概率 45%；

4）在 25 ℃条件下，R7 低 8 位多为 0x98 或者 0xD8，AR7 寄存器 D23～D21 位出现 011 值 0 次，故障未复现。

由以上测试结果可见，故障计算机产品在 22 ℃最易复现故障，温度升高或降低故障复现的概率急剧降低，10 ℃和 25 ℃时故障即较难复现。在研制过程中，计算机产品加电测试时的环境温度为低温为－40 ℃、高温为＋50 ℃或常温 25 ℃，故该计算机未出现任何异常。

③FLASH 器件异常进入 CFI 模式分析

对于 FLASH 器件 JFM29LV160，手册规定只有相对于偏移地址 0xAA 写 0x98，才可进入 CFI 模式，系统必须发出软复位命令，才能退出 CFI 模式。经厂家确认，实际上该芯片的设计状态为向任意偏移地址写 0x98 均会进入 CFI 查询模式，与手册描述的实际命令不一致。在 FLASH 的任意偏移地址写 0x98，相对于偏移地址 0xAA 写 0x98，其进入 CFI 模式概率增大 255 倍。故障计算机 FLASH 器件异常进入 CFI 模式，导致监控软件在加载综合测试程序的时候，实际上加载的是 CFI 模式下的数据，导致 CPU 内部 SRAM 区域 0x800000 开始的地址单元读出来的数据和综合测试程序原始代码不一致，执行必然出现异常。

④综合分析

该故障模式与多重因素有关，包括 VC33 编译器模式选择、VC33 指令译码缺陷、FLASH 器件 CFI 模式和手册实物一致性以及环境温度等。故障是这些因素综合在一起导致的，缺少任何一个条件故障都不会发生，是一种非常典型的、隐藏近 10 年的深层次故障。说明了经过传统的测试方法考核，这类故障仍然无法发现。我们的测试方法还必须不断改进，必须创造条件，模拟系统应用环境与方法激发这类故障，使其早日暴露。综合考虑各种因素，目前比较有效且容易实现的激发条件就是多应力综合环境模拟验证。

6.2　产品存在的系统环境适应性问题

在计算机产品研制过程中，每台产品都按照技术条件完成了筛选试验与交收试验，但由于计算机产品功能的复杂性和接口的多样性，以及软硬件的紧密结合性，测试环境和条件与系统实际应用存在差异，其设计、工艺缺陷不可能完全暴露，尤其是应用软件设计者对硬件系统的熟悉程度存在差异，导致产品交付系统后会在应用中存在各种异常现象，这种异常现象应归结为产品测试对环境的适应性覆盖不足。从所交付的各类军用嵌入式计算机产品在系统中所发现的问题来看，有其共性的问题，也有产品特有的个性问题。其特征是产品出厂前无法测试覆盖，导致在系统状态下暴露。

（1）共性问题

不论是直流供电产品，还是交流供电产品所表现的共性问题主要有以下方面：

1）一般地，军用嵌入式计算机为定制产品。即产品功能、性能以及信号输入、输出方式和特征都由任务提出方给定。而计算机的硬件、软件设计由承制方完成，由于计算机产品设计内容复杂，测试软件与硬件系统不是由一个人设计完成的，相互之间的理解与协同不可能完全到位，就会导致有些问题不可能完全暴露。另外，由于计算机软硬件设计师对用户系统的应用环境和设备互连关系以及使用方法、流程等了解不足，就会导致相关设计指标存在偏差或裕量不足。这些都是系统中暴露问题的根本原因。

2）系统实际提供的直流电源特性与任务书给定条件不一致，或者设计师设计没有考虑系统给定直流输入电源的波动范围，使计算机产品对系统提供的一次 28 V 直流电源或二次电源的波动、过冲、瞬断、浪涌等系统特有的变化不适应。

3）系统实际提供的交流电源特性与任务书给定条件不一致，或者设计师设计没有考虑系统给定交流输入电源的波动范围，使交流供电产品对系统直接供电的 220 V 交流电源的浪涌、波动、脉冲干扰等系统特有变化不适应。

4）由于设计师对各类通信总线的通信对象接口逻辑设计、通信距离、协议处理方式等了解不够深入，未采取相应的可靠性措施，导致各类产品在系统中对总线通信接口的负载变化、长线传输、耦合干扰以及协议完备性等方面出现问题，大量出现各类通信接口工作不稳定或功能异常。

5）设计师缺乏系统设计经验，对于系统中与自己互连的地面测发控系统是交流供电系统，其给出的开关量信号由于交流电源的波动、干扰以及信号经过长线传输或电缆线间耦合所产生的干扰敏感性不足，设计中在开关量信号接口中采取的措施不够，导致产品功能异常或精度超标。

6）由于缺乏计算机产品在系统环境中的电磁特性分析、对与计算机互连电缆的屏蔽措施未要求、对计算机内部二次电源与地线通过电缆引出未做限制和检查确认，使产品对系统环境的电磁干扰敏感，导致功能异常或精度指标超标。

7）对于多点互连的总线接点缺乏容忍度试验与验证，当系统全部互连、同时工作时，计算机产品对总线节点的多少和总线的长度存在适应性不足问题。

8）计算机是一个复杂的软硬件结合系统产品，其功能模块多，相互之间的工作模式组合多，它的测试设备也是由计算机来组成的。由于设计人员水平差异，不可能对被测试的计算机各种工况和模式都考虑到和测试到，总会遗留一些隐患，因此，测试覆盖性问题每种产品都存在不足。

（2）个性问题

不同产品因为功能、性能、使用方式方法等方面不同所发生的特殊问题包括：

1）各产品的各类接口设计指标的特殊要求或使用方法未进行测试或验证；

2）产品的时序设计考核未能考虑或检测到极限工作速度情况的适应性，或者是工作模式考核未考虑到用户使用的特殊组合模式；

3）产品接口功能测试方法的完备性和强壮性不足，带有冗余要求的逻辑测试未覆盖；

4）产品的工艺缺陷不能适应系统特殊环境要求，经过系统的进一步试验后暴露出来。

以上共性问题或个性问题发生的原因说明，虽然计算机产品在研制过程中，都严格按照产品的技术条件进行了各项环境试验的考核，但还是在交付系统后出现这样或那样的问题。究其原因，除了设计原因外，主要是测试覆盖性不足、试验方法不合理、施加的应力条件不足，不能真实模拟系统的实际应用状态。因此，必须建立一套能够模拟系统真实状态的环境，在计算机产品出厂前，对其进行全面检测，以便暴露和解决问题。这种模拟环境只能是等效的。

6.3　模拟环境系统方案构造

对各类军用嵌入式计算机产品对系统环境适应性所面临的共性问题和个性问题分析，需要构建综合模拟验证环境平台，在重点覆盖电源适应性的同时，将 1553B、RS485、CAN 总线和千兆以太网作为等效覆盖的重点。在此基础上，充分利用被测产品的工装测试设备，利用长线电缆及等效负载的方法强化产品接口强壮性测试，适当利用 EMC 设备和温湿度环境设备，模拟施加各种环境影响条件，重点进行特定条件下的验证。

按照此宗旨构建的军用嵌入式计算机环境模拟系统方案如图 6－5 所示，通过环境适应性验证重点解决：

1）系统应用与环境适应性问题；

2）及早发现和解决设计缺陷；

3）验证系统互连电缆的工艺状态。

6.4　系统模拟验证功能

一般地，由于计算机是其所在系统的核心设备，功能十分复杂，外部互连设备多，工作模式多变，各接口并行工作实时性强，受条件和成本因素限制，不可能建立一套实际的

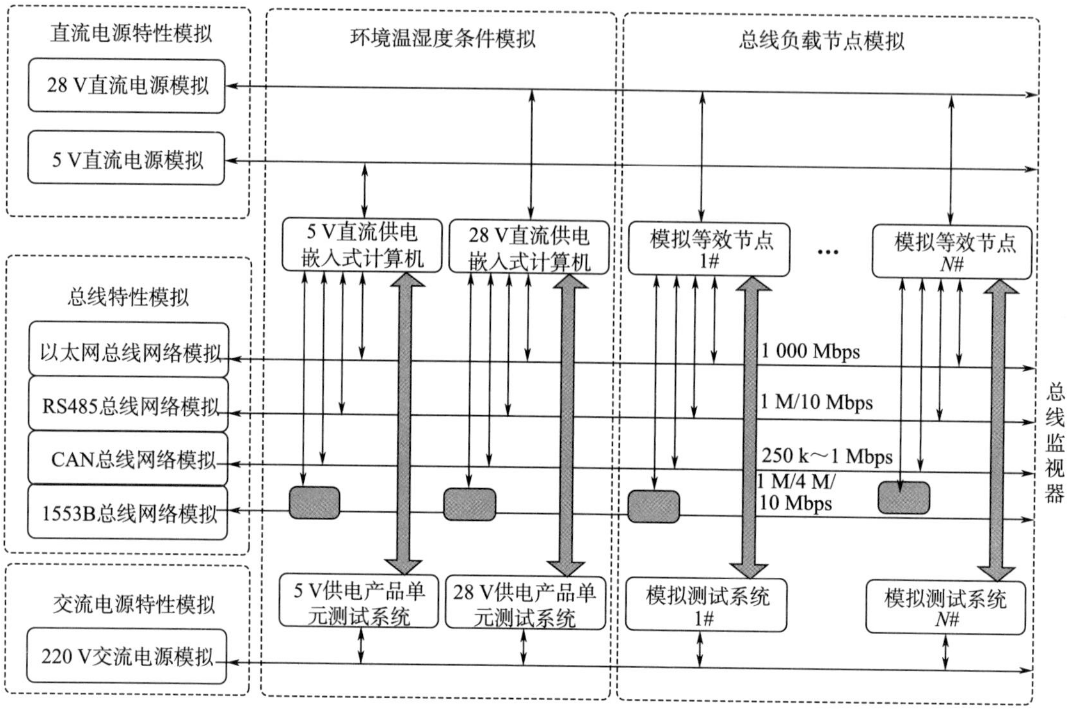

图 6-5　军用嵌入式计算机系统环境模拟系统方案

应用环境。因此，可以通过构建等效模拟系统，重点完成系统电源特性模拟、系统总线特性模拟、系统环境等效模拟和计算机接口并行工作的抗串扰能力检测与验证。通过这些主要影响因素的模拟验证，基本可以暴露和发现计算机产品的绝大多数设计隐患，通过采取有效改进措施，把这些隐患在产品出厂前加以消除，将大幅提高计算机产品对系统的适应能力，降低产品出厂后发生技术质量问题的概率。

6.4.1　系统电源特性模拟

（1）电源种类模拟

一般地，军用嵌入式计算机产品的供电模式分为交流供电和直流供电。其中，交流供电是指系统提供 220 V 交流市电。直流供电又分为两种：一种是系统提供 28 V（±3 V）直流电源（也称为一次电源），适应于整机产品，由计算机内部的 DC/DC 电源变换器将 28 V 再转换为逻辑所需要的各种二次电源；另一种是系统直接提供 5 V 电源（也称为二次电源），一般适应于单板产品或模块产品，内部逻辑所需的其他电源（如 3.3 V、2.5 V、1.8 V 等称为三次电源）由内部转换电路用 5 V 电源自行变换产生。电源模拟的对象，一般是由系统提供的一次电源或二次电源。产品内部的二次或三次电源因为逻辑关系复杂，模拟变化容易造成器件损伤，因此不建议模拟，应由设计保证。

（2）电源状态模拟

通常情况下，电源引起计算机产品异常的因素有电源波动、电源瞬断、特殊输入形式、浪涌电流和负载突变等。交流与直流电源的状态模拟有差别，应该分别进行模拟。具体模拟方法和要求如下。

①交流电源的模拟

主要是针对交流电源的特征量和使用工况来进行，其目的是检查产品在此种环境条件下能否正常工作。

1）交流电源波动：模拟方法主要是针对交流电的电压幅度和频率进行。即将电压幅度按照～220 V±10%或±15%单独变化、频率按照 50 Hz±10%单独变化、幅度与频率同时变化，检查计算机产品在此工况下经 AC/DC 电源变换后整机功能、性能是否正常。

2）交流电源瞬断：主要是模拟交流 220 V 供电系统因为各种原因可能会出现短暂的幅度大幅下降或者掉到 0 V，然后又快速恢复情况下计算机能否适应。这种形式的瞬断持续时间可以是微秒级到毫秒级，可以是单脉冲，也可以是不同宽度、不同频率的多脉冲。

3）交流电源浪涌电流或负载突变：主要模拟交流供电网络因为大型用电设备的开机或关机造成的电网波动，以此检查计算机的适应能力。

②直流电源的模拟

此种模拟主要针对 28 V 一次电源和 5 V 二次电源进行。

1）直流电源波动：模拟方法主要是针对直流 28 V 一次电源和 5 V 二次电源的电压幅度和建立时间进行。即将 28 V 一次电源的电压幅度按照 28 V±15%单独变化、建立时间从 0～200 ms 单独变化、幅度与建立时间同时变化，以此检查一次电源供电的计算机产品在此工况下经 DC/DC 电源变换后整机功能、性能是否正常。同样，将 5 V 二次电源的电压幅度按照 5 V±5%单独变化、建立时间从 0～50 ms 单独变化、幅度与建立时间同时变化，以此检查二次电源供电的计算机产品在此工况下整机功能、性能是否正常。

2）直流电源瞬断：主要是模拟直流一次电源 28 V 或二次电源 5 V 供电系统因为各种原因，可能会出现短暂的幅度大幅下降或者掉到 0 V，然后又快速恢复情况下计算机能否适应。这种形式的瞬断持续时间一般为 0～10 ms，可以是单脉冲，也可以是不同宽度、不同频率的多脉冲。

3）直流电源特殊上电形式：这种模拟，主要是针对一次电源 28 V 或二次电源 5 V 在上电过程（从 0 V 达到额定幅度）中，会因为各种原因出现振荡或台阶的现象。在这种情况下，由于电源建立不稳定，可能会使计算机内部的复位逻辑、FPGA 加载逻辑或初始化程序等出现异常，影响计算机系统工作初始条件的稳定建立，使其工作不正常。

4）直流电源浪涌电流和负载突变：这种模式主要是模拟一次电源 28 V 或二次电源 5 V 因为系统中用电设备的开机或关机等造成电源波动（即凹坑或尖峰），这种波动的幅度有时会超过额定幅度的 15%，容易引起计算机复位或功能、性能异常，以此来检查计算机的适应能力。

（3）系统检测方法

不论在交流电源模拟还是在直流电源模拟过程中，要求对计算机产品进行全功能、性能测试，将测试结果与理论结果进行比对，以此判断是否有影响。对于任何一个指标超差或临界都必须进行验证和分析，直到给出能够适应的结论。

6.4.2 系统总线特性模拟

（1）总线种类模拟

一般地，军用嵌入式计算机在系统中与其他设备互连，多采用以太网、1553B、CAN、RS485 四种总线中的一种或多种。这些总线的特点是它们都有各自的总线互连电器标准和通信协议标准，都有负载节点数可变、多速率设置、通信协议可调、传输线长度可组合的特点。其模拟主要是针对这些特点进行。

（2）总线状态模拟

1）负载节点配置可变：主要是模拟计算机所在系统中以太网、1553B、CAN、RS485 四种总线以标准允许的最大节点数为界限，以不超过界限的系统实际应用节点数互连，以此检验计算机产品总线接口的电器匹配性和通信协议正确性。

2）多速率设置：以太网、1553B、CAN、RS485 四种总线都有各自的通信速率范围。任何应用系统都有一个通信速率指标要求，计算机产品在实际互连节点数情况下，除了规定的通信速率必须验证正确外，还应多验证几种不同速率的工作情况，以此检验总线接口的多速率设置适应能力，也能满足应用系统随时更改通信速率的隐含需求。

3）通信协议可调：以太网、1553B、CAN、RS485 四种总线都有各自的通信协议规定，这种规定可以根据需要进行配置可调。任何应用系统都可能根据需要事先确定一种工作模式，计算机产品在实际互连节点数情况下，除了规定的通信工作模式必须验证正确外，还应多验证几种不同模式的工作情况，以此检验总线接口的通信协议可调适应能力，也能满足应用系统随时更改通信协议的隐含需求。

4）传输线长度可组合：按照以太网、1553B、CAN、RS485 四种总线的电器接口规范，其互连传输线的材料特性和长度都有相应的规定。如果工艺制作不规范或互连传输线长度超出规范要求等都有可能造成通信不可靠。因此，必须在计算机产品的总线接口实际互连节点数情况下，进行不同长度的传输线适应性验证，一般是模拟允许最长传输线或不同长度传输线组合的情况，以此检查计算机对通信连接环境的适应性。

6.4.3 系统环境等效模拟

（1）环境种类模拟

一般情况下，与产品在系统中紧密相关的环境因素包括环境温度、湿度、信号长电缆线传输、系统电磁干扰。

（2）环境特性模拟

1）高低温与湿热：这种环境模拟，主要是指在计算机产品的模拟系统互连状态下，将计算机产品置于温湿度箱中，对产品同时施加温度应力和湿度应力，施加应力的强度应该参照产品在系统中的真实环境，或按照产品技术条件规定的考核条件进行，产品应加电运行检测程序。由于产品的装配密封性，试验时一般要保证足够长的持续时间，同时，要保证计算机产品各项测试项目都能测试到。

2）信号长电缆传输：信号长电缆传输的模拟，主要是利用计算机测试设备的互连电缆，将其长度制作成任务书规定的信号传输最大距离，同时，保证测试设备中每个等效接口的负载和工作模式与实际应用最大限度接近。在此条件下，全面检测计算机各信号传输的功能和性能指标是否符合设计要求。

3）系统电磁干扰：计算机在系统中的电磁干扰，主要来源于互连电缆的信号耦合、互连设备信号的传输反射以及周围设备的电磁辐射。模拟这种环境，就是在计算机等效系统互连状态下，通过电磁辐射专用设备对计算机产品周围空间环境和电缆施加电磁干扰信号，以便检测计算机产品的适应能力。

6.5　系统模拟验证测试项目

系统模拟验证测试项目可以根据需求进行组合，可以是某个单项试验模拟，也可以是某 2 项模拟试验的组合，还可以是多种模拟试验组合。试验项目、条件的确定和模拟试验组合方式的选择，主要取决于产品所处的系统环境与产品耐受环境的薄弱环节，没有固定的模式，但不论哪种组合，都必须保证计算机得到全面测试，而不能对计算机造成过应力损伤。

对于各项验证中暴露出的问题，必须进行分析，提出改进措施，然后再次利用该验证环境对改进措施进行验证，直至满足设计要求，这样才能够确保产品交付总体后在系统联试中不出现问题，达到提高产品设计质量的目的。

第7章　国产元器件替代验证技术

早期研制交付的军用嵌入式计算机产品，随着使用年限的不断加长，其性能不断下降，维修更换的迫切性越来越强。而大量这些早期的进口元器件已经升级、停产或禁运，难以采购，无法进行原状态更换，唯一可以实施的方案是进行国产化元器件替代。由于国产元器件与原进口元器件的成熟度、性能指标、封装工艺和环境适应性等方面客观上存在一定的差异，如何进行国产化元器件替代，是保证产品质量与性能稳定的前提与基础。

7.1　国产元器件验证的必要性

国产元器件与进口元器件相比具有非常明显的特点，其应用数量少，成熟度低，使用中暴露的质量问题多，产品可靠性低。不论是已研制完成的产品替代进口元器件，还是新研制产品直接选用国产元器件，都存在很大风险。军用嵌入式计算机作为武器装备的核心设备，不论是在役型号还是新研制型号，都回避不了国产元器件这个核心瓶颈，都存在着非常现实和要急迫解决的问题。

(1) 在役型号计算机产品的保障性需求

通过第1章在役型号军用嵌入式计算机面临的问题分析可知，由于在役型号计算机产品早期设计时多采用进口元器件，在后续的日常维护保障过程中，普遍存在元器件停产断档、核心器件禁运、整机性能退化的问题。国家不可能因为计算机产品中的一种元器件保障问题而废弃一型武器，这个代价实在太大。为了解决这一问题，其出路无非两条，其一是重新设计，其二是国产化替代。如果要重新设计计算机，就存在着大量的板级、整机级和系统级地面验证试验，甚至还要进行实际飞行考核，这个代价与风险也十分巨大，不到迫不得已是不会采取的。唯一可行的方法就是采用国产元器件替代进口元器件。这种替代的最佳办法就是直接插拔替代，无需改变其他软硬件状态就能保证原有功能、性能指标和可靠性不发生改变。

要达到这种目标，就要保证用于替代的国产元器件与被替代的进口元器件的功能、性能、封装和电器指标完全一致。即使这样，在实际的替代过程中，也还存在着一些实际问题。如国外元器件工艺技术升级换代的加速，停产禁运范围不断在扩大，国产化器件的插拔替代可选用品种及成熟度距离型号可靠性要求还有差距，已经严重影响在役型号的替代验证进度和自主保障性。采用国产器件进行替代，由于各级行政和技术管理者都很慎重，在责任担当与风险控制之间犹豫，不愿自己负责的型号“第一个吃螃蟹”，都要求选择经过飞行验证的国产元器件，导致新研国产元器件难以上机，替代效果不佳，国产化率上不去。

（2）在研型号国产化计算机产品的困境

由于受到进口元器件停产禁运的制约，导致武器装备维修保障性问题突出，国家安全受到威胁，上级主管部门已联合下发了有关武器装备使用进口电子元器件管理办法与实施细则的通知，通知明确要求要坚定树立自主发展的理念，鼓励使用国产军用电子元器件，鼓励研制国产军用电子元器件，严格限制使用进口电子元器件。

其中，明确规定：对于全军装备研制五年计划确定的主要装备，其使用的进口电子元器件的规格和数量控制比例应当不超过 5%。也就是说在新研制的型号中，计算机产品元器件的国产化规格和数量控制比例应该达到 95%及以上。

按照这一部署要求，各型号研制有了明确目标和要求，开始了国产化研制攻关。在研制过程中发现：受设计理念和成功目标的约束性要求，总体单位为了达到本型号任务的高性能或高可靠，往往在任务书中简单追求单机性能指标，缺乏系统性能和资源的事先评估与综合优化，而直接规定了处理器的选用型号规格。这种规定直接影响计算机任务承研单位对处理器等元器件的自主选型权利，导致计算机的综合性能不是最优。同时，这些被指定的高性能处理器等都是进口最新品种，一般在国内处于未研制或正在研制还未完成鉴定的状态，导致核心元器件无法国产化，或者已经有国产化可选用元器件，但属于首次研制，无飞行经历，缺乏飞行试验的考核，系统决策者不放心，不愿意“第一个吃螃蟹”，直接影响着计算机国产化元器件的选用。

一般地，国产元器件受到工艺技术的制约，尤其是高等级的军用元器件，封装体积和功耗都较大，国产军用元器件封装小型化程度相对进口元器件较低。而目前新研型号对产品小型化要求越来越高，给定计算机产品的体积越来越小，为了满足任务书中体积、重量和功耗的要求，只能选用微小封装的进口元器件，也影响计算机国产化器件的选用。

由于国内生产线工艺水平与国外有差距，军用元器件生产数量有限，造成国产化元器件价格高、参数不稳定，甚至同批次参数一致性也不好，导致计算机功能和性能指标的稳定性差，这也影响了业界对军用嵌入式计算机采用国产化器件的信心。

实践证明，国产化设计不是一个口号，要付诸实施，具有一定的技术难度和风险，要完成设计和工程化验证，必须要有一定的研制周期和经费支持，总体还必须安排专项试验进行系统级验证。

（3）国产元器件普遍存在的质量问题

军用嵌入式计算机的核心主体是元器件，元器件的问题也是军用嵌入式计算机研制过程的主要问题。在上级主管部门的有关通知下发后，通过统计某电子集团和某军用计算机研制厂家 2003—2006 年的产品质量问题可以发现，元器件问题及其与之相关的工艺问题，仍然是计算机产品的主要问题，尤其是国产元器件。具体情况见表 7－1、表 7－2。

表 7－1　某电子集团 2003—2006 年产品质量问题统计分析表

年度	操作问题	元器件问题	工艺问题	管理问题	设计问题	软件问题	其他问题	合计总数	元器件比例
2003 年	20	25	3	11	37	0	1	97	25.77%
2004 年	30	17	4	10	19	2	3	85	20%

续表

年度	操作问题	元器件问题	工艺问题	管理问题	设计问题	软件问题	其他问题	合计总数	元器件比例
2005年	20	9	10	5	18	22	1	85	13.8%
2006年	33	21	12	8	8	2	3	87	24.1%

表 7-2 某计算机研究所 2003—2006 年产品质量问题统计分析表

年度	操作问题	元器件问题	工艺问题	管理问题	设计问题	软件问题	其他问题	合计总数	元器件比例
2003年	0	3	13	0	17	0	0	33	9.1%
2004年	0	13	12	2	10	0	0	37	36.1%
2005年	0	5	19	4	7	0	5	40	12.5%
2006年	0	17	31	2	6	0	0	56	30.4%

在实际的问题分析中发现，国产元器件问题最为突出，其因素是多方面的，包含了设计、工艺、测试、封装、材料和环境适应性等方面。如某单位 2014—2016 年计算机产品出厂后各类国产元器件共发生质量问题 15 起，涉及到元器件的管壳设计、材料工艺、制造工艺、设计使用、版图、测试筛选和器件手册等方面。

2014—2016 年计算机产品出厂前各类国产元器件共发生质量问题 31 起，与出厂后发生问题所涉及到的因素相同，只是元器件测试筛选问题占绝大多数，或者几个因素相关联。这也说明在出厂前的测试筛选意义十分重大，但测试覆盖性不足，仍然有问题没有暴露而遗留到出厂后。

从以上统计分析情况可以看出：

1）国产元器件的问题表现在从设计、制造、封装、测试、材料、使用手册和配套开发环境等全方位；

2）国产元器件最为集中的问题是筛选测试和工艺问题，属于元器件厂家的认识水平和条件保障问题；

3）国产元器件装配整机调试时问题最多，随整机筛选试验交付用户后问题大幅减少，但未完全杜绝。

（4）国产元器件替代验证应该注意的问题

为了有效解决国产元器件所面临的问题，除了元器件厂家不断改进工艺、完善筛选测试方法、提高服务水平外，计算机应用单位，更要建立完善的国产元器件应用验证和测试筛选流程以及标准，只有这样，才能做好在役型号替代和新研型号国产化设计工作。国产元器件替代时应重点关注：

1）与国外进口器件性能指标的兼容性；

2）与国外进口器件封装形式的互换性；

3）封装管壳引脚材料的可焊性；

4）器件的发热与散热能力适应性；

5）环境温度变化对性能指标的影响性；

6）器件筛选考核项目与条件的全面性；

7）生产线的稳定性和持续供货能力保障性。

在新研计算机产品的国产化元器件使用中，应始终明白整机国产化设计完成后的重点任务是调试确认和考核验证。要重点关注：

1）测试确认所有的时序裕度是否满足器件要求；

2）国产元器件的组合逻辑能否实现任务规定的功能和性能指标；

3）不同环境条件下国产器件所组成逻辑时序是否协调、稳定、可靠，软件与硬件是否适应，同时摸清组合逻辑对环境条件适应的裕度；

4）测试确认不同温度条件下各器件的发热与功耗。

7.2　国产化替代元器件选用原则

国产化替代元器件选用原则包括以下内容：

1）设计在选用国产替代元器件时，在符合产品功能、性能指标要求的前提下优先选用成熟度高的元器件；

2）国产替代元器件的功耗应在所提供电源的负载能力范围内；

3）元器件质量等级应满足型号元器件选用质量等级控制要求，工作温度条件满足型号产品设计要求；

4）元器件功能、性能指标和封装形式满足逻辑与接口设计时序电气规范要求以及安装布局与功耗散热要求；

5）元器件性能指标符合元器件手册规定，且通过设计鉴定并具有可测试性。

7.3　国产化替代验证项目

国产替代元器件验证工作分为 3 个阶段：元器件级、整机级和系统级。元器件级和整机级验证在产品承制方完成，系统级验证在产品用户方所属系统完成。不同级别的验证其内容和目的各不相同。

（1）元器件级验证

元器件级验证是国产化替代验证的基础。主要针对要验证的国产元器件，依据厂家提供的元器件手册，建立测试环境并进行逐项验证。其目的是全面确定元器件的功能、性能、封装管脚定义、电器特性、供电要求以及工作温度条件等与手册说明的一致性。在此基础上，分析这些特性与整机逻辑设计的功能、性能、管脚电器特性以及供电环境要求是否一致，是否与被替代的进口元器件或设计需求相一致，以便确定该元器件是否适合于选用，为整机替代选用提供决策支持。

（2）整机级验证

元器件整机级验证是国产化替代验证的核心环节。主要是针对替代了国产元器件的逻辑功能模块或印制件，在整机装配、互连、供电以及各种环境应力条件下，整机的原有逻辑功能、性能是否正常，电器特性与时序是否匹配，电源能否适应，各种环境应力条件下是否工作正常，以此确定替代国产元器件后整机的各项功能、性能指标没有改变，或者虽有改变，但能够满足任务使用要求，为整机确认替代选用和进行系统级验证提供决策依据。

（3）系统级验证

元器件系统级验证是替代验证的关键。主要是针对完成元器件级验证和整机级验证后，能够给出可以替代的初步结论的整机产品，按照系统级使用的方法互连和工作，以便检查整机能否适应系统互连、系统供电、系统应用软件和系统工作流程等工况，尤其是检查确认替代国产元器件后的整机在系统中的电磁兼容性。如果替代后的验证结果与替代前一致，则证明替代是可行的，具备了可以替代的全部条件。但是否同意替代，必须经过系统总体统一分析评审了元器件级验证、整机级验证和系统级验证等工作总结后才能给出结论。

7.4 国产化替代验证方法

7.4.1 元器件级替代验证程序及方法

元器件级替代验证是基础，是全面认识掌握国产器件功能性能和特征的关键，必须按照下列程序和方法进行：

1）依据生产厂家提供的技术资料，对国产替代元器件和进口元器件的基本情况进行比对。内容包括封装形式、出腿图、物理尺寸、质量等级、ESD等级及主要电参数等控制指标。

2）抽取国产替代元器件22+2个（22个应尽量包括不少于2个批次，每个批次不少于7个，且参加试验的每种器件的版图都是一致的；2个DPA样品应为其中的一个批次），进行元器件级筛选，执行型号总体院或本单位元器件筛选标准（按严者执行）。

3）对22个试验样品编号，需刻盘保存常温初测、老炼前后测试、三温测试、常温终测等过程中的测试数据。

4）通过以上试验，给出国产替代元器件功能、电参数是否符合规范要求的结论。

5）对所测电参数（包括输出延迟）列表进行比对，并分析。

6）根据型号要求按QJ 1906A—97《半导体器件破坏性物理分析（DPA）方法和程序》或GJB 4027A—2006《电子元器件破坏性物理分析方法》进行DPA，明确试验项目、设备、目的及判定标准。

7）取国产替代元器件及进口元器件各2个进行CA试验（结构分析），对比项目包括管壳对比、粘接工艺、键合工艺、芯片工艺等。

8）版图记录及评价。对国产替代元器件及进口元器件的芯片版图尺寸进行测量，对版图形貌和LOGO进行照像存留。对两种版图的特点进行描述和评价。

以上试验及验证合格，则元器件级验证合格。否则，为不合格。

7.4.2　整机级替代验证方法

整机级替代验证是一个适应性的确认过程，是最后决定能否替代的关键过程，应遵循以下验证要求。

（1）工艺实施性验证

在国产替代器件装焊前，计算机制造工艺师应按整机生产流程识别国产替代器件在各生产工序中存在的操作及工艺上的风险。如果存在风险，负责对识别出的风险进行工艺实施性验证。

（2）单板功能、性能验证

将装有国产替代元器件的印制件插入整机进行常温功能、性能测试，确保整机功能正常，被替代的逻辑模块的性能指标符合技术条件要求，对整机其他功能及性能指标无影响，且功耗在允许范围内。在此基础上，将该板插入多个整机进行适应性对比测试，确保进行替代后多个产品的性能指标的一致性。

（3）整机功能、性能及环境适应性验证

将通过单板验证的印制件插入整机，按照整机产品技术条件或试验大纲规定，完成全部筛选、验收和例行试验，之后进行出厂测试，测试结果须和使用进口器件的测试数据进行比对。其中，力学试验前，应对国产替代元器件应力进行分析，查看元器件本身是否满足此应力要求。温度试验时特别要保证在低温、常温和高温条件下进行整机各 50 次的开关机试验，确保每次上电后整机工作正常。同时，还应进行温度从最低温度到最高温度间隔 5 ℃的温度梯度试验，每个梯度点保持温度平衡后加电测试至少 10 min，产品功能及性能指标应正常。

电磁兼容试验是否进行由设计师系统分析确定。

7.4.3　系统级替代验证

将装有国产替代元器件的整机装入系统中进行系统级验证，由于系统涉及设备多，互连关系复杂，保障条件要求高，验证代价大，因此，验证项目和方法需与总体协商确定。一般地，要保证所替代的元器件功能、性能以及工作模式在系统运行测试过程中的全覆盖。

7.5　验证结论确定

替代验证方案经评审后方可实施验证，验证完成后须编制验证总结报告，对验证结果进行确认，通过综合评审同意后方可办理相关更改手续，此评审须有用户代表参加。必要时，还须经过任务书提出单位的认可。

第8章 军用嵌入式计算机技术质量问题归零技术

军用嵌入式计算机在研制生产及应用过程中会发生一些质量问题，如何分析处理这些问题事关本产品的可靠性与寿命基础。其中，技术质量问题归零是行业推行的一种行之有效和具有完整理论支持并经过验证的科学方法。

8.1 质量问题发生的类型

一般地，军用嵌入式计算机所发生质量问题的类型主要有设计、工艺、元器件、原材料、操作、管理、系统应用、环境因素及其他。以某单位2005—2014年计算机产品所发生的质量问题为对象进行统计分析（见表8-1），可以看出，发生质量问题最多的3个类型分别是元器件设计、工艺和原材料。

表8-1 某单位2005—2014年产品质量问题统计分类表

问题总数	设计问题	工艺问题	元器件原材料问题	其他
290个	55个，占19%	49个，占16.9%	126个，占43.4%	20.7%

8.2 质量技术问题归零的效果

10年过程中的质量问题数变化情况如图8-1所示。

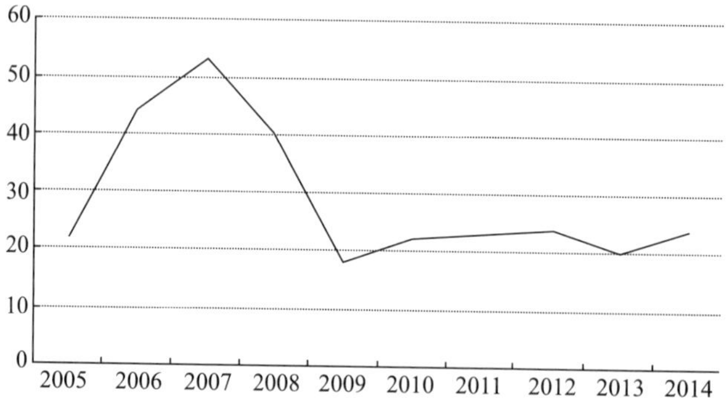

图8-1 10年质量问题数变化趋势

2005年，该单位开始了事业部制运行改革，整机型号任务开始进入全面增长期，质量管理开始系统化，质量问题归零制度化，对突出问题采取有效的针对性措施，使得10年来的质量问题数呈现明显的波浪式变化。虽然每年产品交付台套数按照20%的速度增长，其质量问题数却趋于平缓和下降趋势，这些都与质量问题归零工作的开展密不可分。

具体趋势按照主要因素分析如下。

（1）元器件因素变化趋势分析

2005 年开始，整机型号开始了大批量生产与研制并行期，同时全行业对元器件的需求进入旺盛期，市场上出现了假冒伪劣产品，由于元器件的测试筛选条件与方法的不完善，导致整机产品生产试验和使用过程中的问题频发，致使 2006 年质量问题数达到顶峰。但是在 2005 年发生问题的过程中，通过不断的归零分析，并系统性地加强了元器件测试筛选条件，对当时承担元器件测试筛选的部门进行“挂黄牌”整顿，系统性地建立了上机元器件的版图库，并进行元器件版图比对，抑制了大量的元器件固有问题，使元器件问题从 2006 年开始大幅度下降。后续随着国产化要求的强化和大量国产与自研新型器件的边研制验证边使用，又出现了小幅度变化，但随着归零的措施落实，并未出现大范围波动。10 年元器件质量问题数变化趋势如图 8-2 所示。

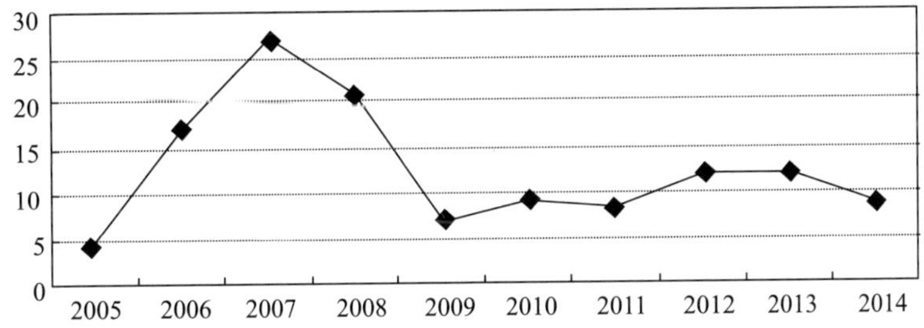

图 8-2　10 年元器件质量问题数变化趋势

（2）设计因素变化趋势分析

从 2005 年开始，整机型号任务每年都在大幅度增长，产品交付台套数也在大幅增长，按照亿元产值问题数和单台质量问题数进行统计分析，其设计问题一直处于下降趋势，但就单独设计质量问题数来看，表现为一定的规律性，与质量问题归零及措施系统采取紧密相关。首先针对常见低层次设计问题，推行了标准逻辑单元设计与控制，使得 2005—2007 年的设计质量问题处于下降趋势。2008 年开始，随着一批新任务的开始，所采用的技术发生了改变，同时产品小型化问题带来的设计时序与测试问题突出，导致设计问题数开始上升。针对此情况，出台了系列设计指南对所有设计师的设计进行规范，同时制定了军用嵌入式计算机设计复核复算标准并开始执行，强化了测试覆盖性审查，使设计问题从 2011 年开始出现下降。在后续阶段，随着 2014 年产品国产化进程的加快，大量国产和所产新型元器件边研制验证边型号应用，出现了针对国产化的一些设计问题，导致设计问题的又一次波动。以上每次波动所采取的有效措施都是针对大量归零所总结出的共性问题，充分说明了归零对于提高产品质量是非常有效的。10 年设计质量问题数变化情况如图 8-3 所示。

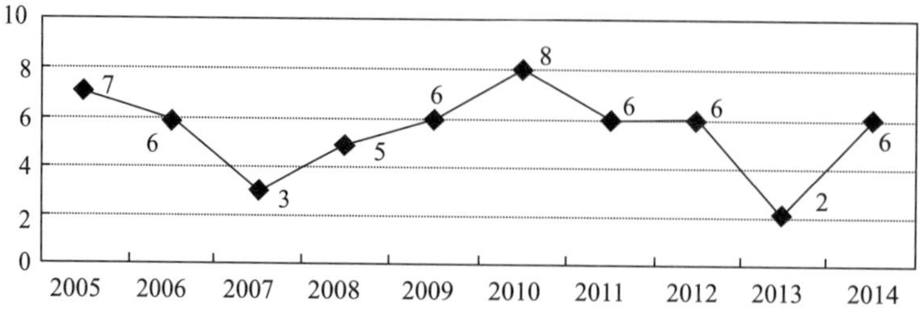

图 8-3　10 年设计质量问题数变化趋势

(3) 工艺因素变化趋势分析

工艺技术是产品设计与质量保证的重要环节，10 年来工艺问题的变化趋势主要表现为前期的大批量生产工艺成熟性不足引发了许多低层次工艺操作问题。随着归零分析查找工艺原因与措施完善，同时对制造部门进行了挂黄牌质量整顿，在全单位范围内实行职工个人质量档案，全面增强了全员质量意识，不断细化完善工艺方法，大幅度降低了低层次工艺问题的发生。从 2011 年开始，由于国产化工程推进，大量国产新型元器件的采用以及产品系统集成小型化的实施，又开始出现新的工艺问题，导致工艺问题有抬头的趋势。10 年工艺质量问题数变化情况如图 8-4 所示。

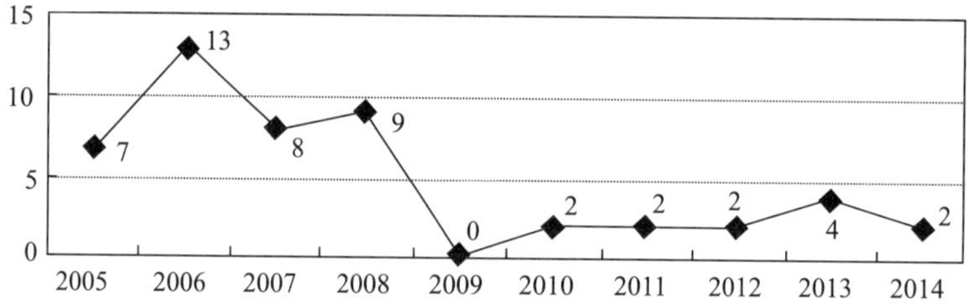

图 8-4　10 年工艺质量问题数变化趋势

通过以上针对 10 年来计算机产品发生质量问题的三大主要因素变化趋势分析，可以看出：

1) 设计标准化与复核复算评审措施有效；

2) 元器件筛选与版图控制措施有效；

3) 工艺整顿与改进措施有效；

4) 质量问题归零与举一反三控制成绩突出。

产品质量归零技术对提升产品质量与技术成熟度非常关键。

8.3　归零的基础含义

归零是一种质量活动，指产品质量问题解决的过程或程度。最早开展始于航天系统，针对型号产品，这里的型号是指用于航天和军工系统配套产品属性的通称。

型号归零是指航天或军工产品出现质量问题后，技术指挥系统与行政指挥系统按照规定的标准和程序组织问题分析排查和彻底解决的过程。

型号归零是航天系统进行产品技术与质量管理改进所采取的一种创新性综合管理方式，是针对出现的产品质量问题所采取的分析处理和改进的系统化通用方法，已经获得多个军工系统的认可和推广，并已经上升为国际标准。

1）它是长期实践经验的总结，具有完整的理论体系；

2）经过验证已经在军工系统推广，并不断改进完善；

3）航天型号归零技术已经被国际同行认可，并成为了国际标准。

掌握型号归零技术与基本要求，对提高自身分析与解决问题的能力和提升产品质量水平具有十分重要的意义。

8.4　归零的科学性

型号产品在研制生产过程中所发生的质量问题，按照问题的属性将其归类为技术问题和管理问题，并分别制定了质量问题和管理问题归零的标准要求，简称“双五条”，即技术归零五条标准和管理归零五条标准。

（1）技术归零五条标准

技术归零五条标准的具体内容为定位准确、机理清楚、措施有效、问题复现、举一反三。具体含义如下。

定位准确：对故障发生的部位、诱因、过程和故障性质的确认和定性准确。

机理清楚：对发生故障的原因以及与故障现象的对应关系分析清楚。

措施有效：针对故障所采取的措施应能彻底解决问题并经验证有效。

问题复现：故障在原状态条件下可以重复发生，采取措施后可以消除。

举一反三：对同状态产品或同技术设计的产品是否存在同样问题的复查或采取相同措施的治理决策和实施过程。

（2）管理归零五条标准

管理归零五条标准的具体内容为过程清楚、责任明确、措施落实、严肃处理、完善规章。具体含义如下。

过程清楚：发生问题的过程环节排查与管理缺陷分析应清楚。

责任明确：出现管理问题的管理者责任认定清楚。

措施落实：解决此类管理问题所制定的措施能够有效执行。

严肃处理：对违反管理规章制度的人或部门进行相应的教育或处罚。

完善规章：吸取教训，对管理规章制度进行修订完善。

（3）归零“双五条”是一个完整的科学体系

归零“双五条”完整的科学体系具体表现包括：

1）从技术与管理过程两个方面进行系统分析处理，目标都是从根本上解决问题；

2）从问题现象到定位清楚的过程表明具有针对性；

3）从机理和过程分析的对应性确立了分析问题的深入性；

4）从措施的有效性验证到严肃处理体现了解决问题的有效性；

5）从举一反三到规章制度的完善表现出覆盖性和纠正彻底性。

8.5 型号归零的方法要求

8.5.1 技术归零

(1) 故障现象的确认

故障现象是故障定位分析与措施验证有效性的关键参考点，是参与故障分析人员接触认识故障的直观表象，相关信息一定要记录全面，不能有遗漏。主要包括以下信息：

1）故障发生的时间、地点和环境条件；

2）故障发生的产品状态（软硬件）；

3）故障发生的操作过程；

4）故障的直接表现形式；

5）故障的可重复性；

6）故障现象发生时与其他相关系统的关联性；

7）为了证明故障性质当时现场所做的各种验证工作。

(2) 故障的定位分析

故障定位是认识故障、对故障进行定性的关键环节，更是对故障进行机理分析的前提。故障定位应以系统和现场产品的直接可能因素为主，按照故障树方法进行分析，最终应给出具体的故障定位结论：

1）以直接关联性因素为主构建故障树，间接因素可综合分析后直接排除；

2）故障树各要素采用复查、复核复算、试验验证以及与现场故障现象相结合的方法进行分析排除；

3）不同的环境因素有其特有的故障模式应考虑；

4）产品的状态和现场连接方式要进行针对性分析；

5）分析定位时，要关注故障重复出现的条件是什么；

6）要准确定位不能排除的因素与故障出现时的条件和因果关系。

(3) 故障的机理分析

故障的机理分析应在故障明确定位的基础上进行，分析过程是一个完整的层次体系，应言简意赅、图表结合、条理清楚。一般地，按照以下层次进行逐层分析说明：

1）首先从硬件或软件的设计原理上结合设计要求、现场条件或操作过程分析说明诱发故障的原因；

2）把故障点与故障现象和故障发生过程结合，说明出现故障现象的原因，一般还要结合元器件失效分析报告的结论进行；

3）分析说明该故障以前未发现或少发生的原因，一般与测试覆盖性或验证充分性有关；

4）用充分的证据分析证明该问题是个例问题还是批次性问题，一般结合同类产品或设计的历史情况或大量使用情况进行，还要充分利用元器件失效分析第三方的结论进行批次相关性分析；

5）通过以上各层次的分析，应对该问题进行综合定性，明确问题属性（设计、工艺、元器件等）。

（4）故障的复现

故障的复现有不同目的，必须认真对待故障的可复现工作。应关注以下三个环节的故障复现工作。

1）产品在外场或系统中出现的故障可以重复出现为快速定位与处理创造了条件，一般在系统首次发现故障后应重复多次，以便证明故障是否可以重复。但是，有时在系统中故障只发生一次或因条件所限不能进行多次重复验证，那就必须在单机环境下模拟系统环境，创造条件使故障可以重复出现。

2）产品离开系统或离开故障现场后，在对产品进行开箱前应证明故障依然存在。如果不容易复现时，一般通过强化温度条件或振动应力的方法进行，为故障定位跟踪创造条件，也可以证明故障在产品单机内，以便与系统或外围环境隔离。

3）在故障可以复现的环境条件下，对故障采取纠正措施后进行同样的复现验证，证明故障不再出现，说明采取措施的有效性，但一定要保证验证次数的充分性。

（5）措施的制定

质量问题归零的目的就是要找到解决问题的措施，因此归零措施的制定是技术归零的核心。针对问题的性质不同，措施可以分为当前措施和后续措施，所有措施必须经过验证：

1）当前措施或临时措施主要针对已制成品或者满足当前使用要求、能够实现且影响最小的措施；

2）后续措施或永久措施主要针对重新投产或者以后再投产的产品所采取的最终措施；

3）制定措施一定要根据当前实际情况选择最佳可行方案，要确保稳妥可靠以及产品质量，且不违反相关标准规定；

4）所确定的措施必须经过全面验证，包括施加一定的应力试验考核，以便证明措施方法可行有效；

5）制定措施一定要考虑全面，包括硬件、软件、图纸、工艺等方面的对应配套措施，同时要遵守相应的程序规定。

（6）举一反三的落实

举一反三是技术归零的管理精华所在，注重对同类产品或设计的借鉴性与同步管理。使归零成果最大化，是指对同类产品、同样设计或同样工艺方法的产品，从设计复查、故障复现以及措施落实、文件更改等方面所做的工作，其主要目的是从根本上解决同类问题。

在举一反三过程中，要从实际情况和可实施性方面出发，既要保证同类型列举到，又要防止扩大化。要首先保证本型号产品和同系列型号全面列举到，其次对相同设计或工艺的其他型号也要覆盖到。

（7）结论给出

如果按照以上技术归零各要素的要求完成了所有工作，故障能够定位，机理也可以说清，能够证明所采取的措施有效，完成了举一反三工作，就可以按照归零标准给出明确的结论。一般地，结论表述为“该问题定位准确、机理清楚、措施有效，并进行了举一反三，可以归零。”

如果发生的故障因各种原因无法准确定位，或因条件所限机理暂时无法说清楚，则该问题不具备归零的条件。但通过软硬件设计或工艺等方面的综合治理，证明措施有效，故障能够有效解决，经过上级系统评审同意可以按照分析报告给出结论。

8.5.2 管理归零

产品研制过程是一个复杂的系统工程，包括技术工艺研发和过程组织管理两个方面。设计与工艺、调试与试验过程发生的技术问题都可以通过技术归零解决，但过程管理涉及部门繁多，多是以人为对象的管理，难免会发生差错，因此，管理中出现过错也必须进行管理归零。

仔细研究技术归零的规律发现，任何技术问题的深层次原因都会与管理有关，因此现在一般型号研究院都要求在技术归零的同时进行管理归零，或进行管理因素分析。管理归零必须按照以下环节进行。

（1）确认问题过程

问题过程的确认，是以故障发生的过程现象、技术归零或分析为基础，简要概述问题现象、分析定位结论，将问题的技术定位与工艺操作或管理程序相结合，说明出现这一问题的管理环节是什么，管理问题的性质是什么。

（2）认定管理责任

管理责任的认定，是结合该问题的具体表现和性质，按照技术文件规定、工艺流程、操作规程或规章制度等规定要求，进行对照分析，查找最相关的因素，确定出现该问题的管理原因，明确说明到底是规章制度不全还是有章不循、培训宣贯不到位等。

（3）纠正管理措施

管理措施的纠正，是针对确认的责任和出现这一问题的性质，认真反思，从管理的过程、方法或程序、内容等方面制定解决问题的具体方法和步骤，并进行适当验证，保证该产品后续工作的继续进行。

（4）处罚问题责任者

问题的处罚，是以问题定位为依据，根据管理属性与责任，分析确认出现这一问题的责任主体是谁，他的工作漏洞是什么，按照管理规定或讨论决定他应承担的责任是什么，其目的是引起本人的警觉和教育其他人员引以为戒。

（5）完善规章制度

规章制度的完善，是针对确认的责任和确定的纠正措施，在管理制度和技术文件的完整、细致性、可操作性以及人员培训教育等层面认真反思，查找漏洞，对管理规章、工艺操作方法、测试覆盖性和培训教育等管理环节，从管理角度进行制度性修定、完善和改进，以便防止同类问题的再次发生，达到彻底改进的目的。

8.6 技术归零报告的编写

技术归零报告是归零过程与相关内容的系统化论述，它全面记录故障现象、故障定位过程方法与结论、机理分析过程、采取的措施与验证情况等，同时作为归零评审时专家系统了解情况和评判归零结果的有效材料，因此，归零报告的编写规范性和内容完整性非常关键。

如果同样的一个归零问题，让不同的人编写归零报告，将受其认识程度、看问题角度、表述重点不同而编写出不同风格的报告。这样会导致问题处理不彻底，也会使专家和型号总体单位不能直接清晰地理解归零工作思路和处理结果，可能造成工作效率低下。为了解决这些问题，总结归纳归零过程中科学体系的共性问题，突出重点，关注核心细节，对归零报告进行统一的模板规定，具有非常重要的意义，可以保证重点要素不缺项、论证层次清晰、措施完整，人人都能看懂。

为了解决这些问题，体现归零的科学体系，通过实践总结，建议一般技术归零报告的编写模板和内容要求如图 8－5 所示。

1 问题概述

问题描述应该包括以下方面基本信息，以便为专家分析问题提供基本依据。一般情况下，与故障有关的信息应该越详细越好。

1.1 所属型号、发生问题产品、设计生产单位、产品交付日期、用户使用情况

1.2 发生问题的时间地点、环境条件、产品互连设备情况

1.3 问题现象的描述以及过程相关信息、发生故障后系统所做的复现工作及结果

2 问题定位

2.1 定位的过程：通过综合分析排除次要因素，通过故障树分析主要因素

2.2 定位的依据：不能排除的因素用证据说明

2.3 定位结果：对定位过程进行归纳，明确故障位置和性质

2.4 问题原因和责任单位：根据故障位置和性质，或借鉴失效分析报告结论，进一步确定故障的最终性质

3 机理分析

3.1 分析工作的步骤和方法：根据故障定位结果，结合故障性质，按照故障发生过程、机理等层次化要求进行详细分析

3.2 把故障机理和故障现象结合，进行对应性分析与解释

3.3 充分利用各种证据分析证明该问题是否属于批次性问题

3.4 进一步分析和查找或说明该问题在产品出厂前未查出的原因

3.5 分析结果：总结分析工作，给出明确结论

4 问题复现

4.1 故障现场故障的可重复性和单机或特定条件下故障的可重复性

4.2 采取措施后故障解决的有效性结果分析；特殊故障无法或无须进行模拟试验的说明及理论分析

5 采取的措施及验证

5.1 纠正措施的确认情况、纠正措施计划的制定情况，包括临时措施和永久措施，产品应包括已制品和在制品

5.2 纠正措施的实施有效性验证情况；纠正措施的跟踪验证情况和纠正措施在产品上的落实情况

6 举一反三情况

本产品不同批次的举一反三工作情况；相同设计或工艺的其他产品举一反三工作情况

7 结论

总结概括说明该问题发生的原因，给出“该问题定位准确，机理清楚，措施有效，并进行了举一反三，可以归零”的结论。

图 8－5　一般技术归零报告的编写模板和内容要求

第 9 章　军用嵌入式计算机贮存维护技术

军用嵌入式计算机产品是航天型号与武器装备的核心设备，都有规定的使用寿命要求。在使用寿命期内，计算机产品可以一直在使用，或者在库房贮存等待使用。计算机产品这种满足整个使用寿命周期的特性可以用贮存寿命来表述。

军用嵌入式计算机产品的贮存寿命是指军用嵌入式计算机产品单独或随所在系统一起存放在规定的环境条件下，其性能不发生变化的最长时间。一般情况下，贮存寿命的核心要素是贮存可靠性，而贮存可靠性是由固有可靠性和条件贮存可靠性构成。军用嵌入式计算机产品的固有可靠性是指计算机产品制造完成后入库前的基础可靠性。而条件贮存可靠性是指计算机产品入库后完好无损情况下，产品性能因为贮存影响而发生变化，最终导致产品基础可靠性发生变化。即嵌入式计算机产品在设计完成并通过鉴定后，随着贮存环境条件变化的影响以及使用时间的推移，其性能指标会出现逐渐退化的现象。这种退化现象直接影响其贮存寿命期。具体表现为性能指标与设计鉴定初期相比会出现超差，导致产品出现不能保证任务书或技术条件规定的功能和性能的现象，直至影响产品的正常使用。对于一些具有长期贮存期要求的嵌入式计算机产品，如何在贮存使用过程中，针对贮存环境条件采取措施，保证计算机产品的条件可靠性是一项十分需要研究的新技术。

9.1　军用嵌入式计算机产品贮存可靠性影响因素构造模型

军用嵌入式计算机产品是由一定品种数量元器件，按照设定逻辑组成，能够实现设定功能，并具有特定技术指标的装置。该装置通过一定的工艺方法实施结构组装，能够满足给定环境条件下的使用要求。

军用嵌入式计算机产品的功能、性能及固有可靠性等是在设计正确的前提下，由组成产品的元器件、原材料和结构件及实施工艺等方面的因素决定的。而条件贮存可靠性直接受贮存的环境条件、方法和维护手段等因素的影响，这些因素与军用嵌入式计算机产品所使用的元器件、原材料、制造工艺等紧密相关。分析影响计算机产品的功能、性能和条件可靠性指标的因素组成关系，构建军用嵌入式计算机产品的贮存可靠性影响因素构造模型如图 9－1 所示。不同的可靠性影响因素对计算机产品的贮存寿命的影响效果各不相同。在贮存过程中，要检验其功能、性能变化，可以通过对产品进行测试或试验验证来判断。

结构因素影响：对于军用嵌入式计算机产品而言，结构是指将产品各个部分有效互连组装，使其成为一个有机整体的金属或塑料框架体，这些结构材料只起到紧固、连接和密封作用，不直接与产品的功能、性能指标相关。由于这些材料的特性一般比较稳定，随着时间的推移，其强度或刚度变化不大，对产品的性能无影响。因此，在分析产品的贮存寿

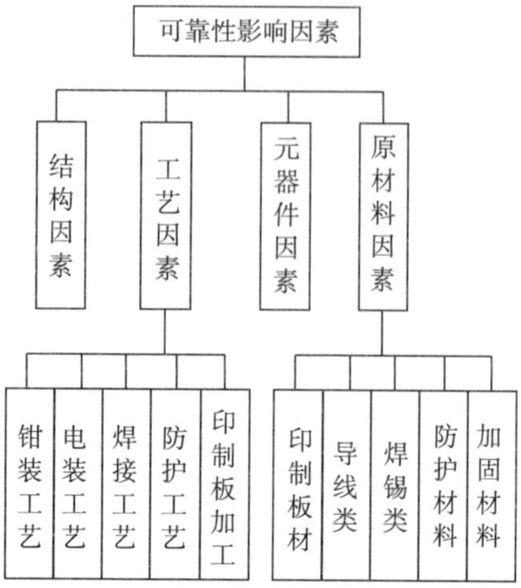

图 9-1 军用嵌入式计算机产品贮存可靠性影响因素模型

命影响因素时，只要保证军用计算机产品的外形完整、无破损、裂纹及形变，不会导致有害气体进入，则可以忽略这类因素对贮存寿命的影响。如果产品在贮存过程中存在运输、振动、碰撞、跌落等应力，则可能使结构断裂、破损、漏气，导致内部逻辑电路板受力放大，使元器件管腿断裂等，因此，贮存过程中要采取包装、防护等措施。

工艺因素影响：军用嵌入式计算机产品生产过程中涉及到的工艺较多，主要包括印制板制作工艺、焊接工艺、电装工艺、钳装工艺和表面防护加固工艺。在产品生产初期，这些工艺会对产品的性能与质量保证起到决定作用，一旦经过试验考核通过，在后期的产品贮存过程中，这些工艺本身一般不会影响产品的功能、性能指标变化。唯一有影响的是这些工艺所使用的原材料的性能稳定性所带来的影响，如印制板的板材、导线、焊料、防护加固材料等。因此，在分析产品贮存寿命影响因素时，应重点关注这些材料的性能及效果变化，工艺因素则可以忽略。如果产品在贮存过程中存在运输、振动、温度与湿气等应力，则可能使结构安装松动、变形、漏气，导致内部逻辑电路板受力，使元器件管腿腐蚀、焊点脱落等，因此，贮存过程中要采取包装、防护、排潮和加电测试等措施。

原材料因素影响：军用嵌入式计算机产品所用到的原材料主要包括印制板材、导线、焊锡、三防漆、密封条、硅橡胶、环氧树脂等。这些材料都是经过专项工艺验证且具有较高稳定性，并通过工艺标准对复验、使用及型号规格选型等都加以了规定，一般情况下，按照工艺标准使用这些原材料，可以认为对产品的性能和长期贮存可靠性无影响。如果能够确定这些原材料未对产品性能产生影响，则在分析影响因素时可以忽略，否则需要进行原材料专项工艺验证。如果计算机产品长期贮存环境存在温度、湿气、盐雾等腐蚀性气体中，计算机所采用的印制板材、导线、焊锡、三防漆、密封条、硅橡胶、环氧树脂等原材料就会发生性能变化，这种变化会直接或间接导致计算机的功能、性能指标发生变化，使贮存可靠性降低。因此，在贮存过程中应采取针对性的防护措施。

元器件因素影响：元器件是构成军用嵌入式计算机产品功能的基本单元，其性能变化则直接影响产品的使用寿命。一般情况下，影响元器件性能变化的因素是元器件的封装材料、形式和元器件表面防护的效果。如果元器件的封装壳体为金属或陶瓷材料，则该类器件的防潮性能好，水汽和有害气体难以进入，其性能较稳定。如果元器件的壳体是塑料封装，在长期贮存过程中水汽和有害气体渗入的可能性就大，其对器件性能造成影响就可能发生。这种影响的程度难以量化和测量。所以，只要计算机产品印制件经过了良好的喷漆或浸漆等表面防护处理，都会起到有效防止水汽或有害气体渗入的作用，也只有进行了防护加固工艺处理的军用嵌入式计算机产品才具有在恶劣环境条件下长期贮存的可能。虽然采取了防护加固工艺措施，但由于计算机产品结构复杂、元器件品种多样、工艺差异大，元器件所承受的温度与振动应力无法回避，因此，在贮存过程中也应该采取措施减少这种应力的量级。

9.2　军用嵌入式计算机产品贮存维护技术

军用嵌入式计算机的贮存与维护对保证产品能够正常使用和寿命延长具有十分重要的意义。通过军用嵌入式计算机产品贮存可靠性影响因素模型的分析，结合产品交付、运输、安装、使用与贮存、维护各环节具体工况，对产品的包装、运输、贮存、测试和维护等环节采取针对性措施，确保产品的贮存可靠性。一般地，产品的包装、运输和贮存等环节应严格按照 GJB－1443—92《产品包装、装卸、运输、贮存的质量管理要求》执行，并对这些要求结合电子产品的特点进行转化。

（1）产品包装

产品包装是影响其贮存寿命的因素之一。包装是产品防潮、抗振、防腐蚀和安全运输的保证和有效手段。一般地，包装分为内包装和外包装。内包装是指直接紧贴产品外壳表面的包装。外包装是指在内包装之外，为了防碰撞、挤压和便于搬动运输而采取的保护措施。

进行内包装时，应首先把嵌入式计算机产品的连接器戴好防护罩，以免多余物进入或搬运过程因碰撞而损伤。其次，必须采用干燥的纯棉布对产品进行包裹，防止产生静电，必要时，再用塑料布裹紧。

进行外包装时，应首先检查包装箱，外包装应结实耐压，保证完整无破损。其次，将经过内包装的产品按照包装箱设计要求装入固定位置，采取措施在不损伤产品外观的情况下对产品进行固定，避免产品在包装箱内晃动，但固定时对于有外部减振器的产品不应使减振器受到除产品自身重量以外的压力。盖箱前在包装箱内放置干燥剂，确保连接器的针/孔不因为潮湿而导致接触性能下降。同时，按照用户要求，放置产品证明书和装箱清单等。产品包装箱外应注明产品代号、台套号、重量、厂家和出厂日期以及防潮、防碰撞标识等。包装完成后应进行铅封。

（2）产品运输

军用嵌入式计算机产品运输是其寿命过程必须经历的一种环境。参加运输的前提必须是严格按照内外包装要求完成产品包装，否则不能运输。运输过程的环境温湿度应符合产品设计要求。运输的途径包括铁路、公路、航空和轮船等。

军用嵌入式计算机产品经过规范包装后，应能够承受公路、铁路、轮船和航空运输的考验，但搬运过程中应轻拿轻放，注意避免摔碰等引起的过载冲击，同时要注意避免淋雨，远离强磁产品。尤其对早期的嵌入式计算机产品，其程序存储器一般采用EPROM器件，该器件对紫外线等敏感，可能会导致存储的内容发生改变，因此应避免强光照晒和各种依靠照射检测的情况发生。

（3）产品贮存

贮存环境是军用嵌入式计算机寿命保证的基本前提，嵌入式计算机产品一般应贮存在干燥、通风和带有空调的室温条件下。贮存环境应符合产品总技术条件规定的环境条件，并定期对贮存环境通风。在贮存环境中，嵌入式计算机产品应远离强磁和强电场，即不要放置在电机和大电源等具有强磁场产品、设备的旁边，以免造成计算机内部的磁性元器件功能与性能参数发生变化。

军用嵌入式计算机随系统装配完成后的贮存，应按照安装状态随系统贮存。如果在用户库房单机存放，则应该严格按照内外包装要求执行，严禁非规范包装的贮存。

（4）产品测试

军用嵌入式计算机在贮存过程中，应按照设计要求进行定期测试。通过测试评测计算机产品自身功能与性能是否发生变化。如果没有变化则继续贮存，如果有变化，且超出设计要求，则要对其进行维修。

由于贮存环境的变化，计算机的性能指标也可能会发生变化，甚至出现失效，为了能够及时准确地发现这种失效，必须定期对产品进行测试。一般情况下，为了提供贮存寿命评估数据，希望测试密度越大越好，但因各种原因，武器系统贮存产品的测试不可能做到很频繁。因此，为了做好贮存寿命评估工作，一般要求每年对产品最少进行一次全面测试。测试时，应按照产品测试细则进行测试，并详细完整地记录所有测试项目和测试数据，包括测试现场的环境条件以及所用测试设备仪器的相关信息。

（5）产品维修

针对贮存过程中发现的军用嵌入式计算机产品的故障，应及时进行产品的维修。通过维修排除故障，确保产品处于完好待命状态。

由于军用嵌入式计算机产品不同于一般的机电产品，属于低电压工作，具有防静电环境要求。电子元器件焊接组装后的维修条件要求非常严格，应在规定的环境条件和场合由专业人员严格按照产品维修大纲进行，禁止不具有维修资格的人员随意打开机箱改变产品原始状态。军用嵌入式计算机产品的维修，应该遵循以下步骤。

1）故障确认。故障产品返回到维修地点后，应首先建立测试环境，对报故产品进行全面或等效系统故障状态条件时的测试，以便确认故障现象确实存在，也为故障修复后的比对验证奠定基础。一般情况下，不允许未经测试检查就直接对产品进行开盖，防止因为开盖导致状态改变使故障消失，无法准确定位故障。

2）故障定位。依据故障现象，充分利用各种测试环境和手段，对与故障现象相关的逻辑进行逐一跟踪、排查确认，以便将故障准确定位到某个元器件或某个元器件的管脚上，为维修替换创造条件。严格禁止未将故障准确定位就随意解焊下机元器件，造成解焊部位过多而影响印制件的可靠性。

3）故障修复。当故障准确定位到某个元器件时，应严格按照修复工艺规范进行故障元器件的焊点去防护处理，然后解焊元器件。对经过测试合格的同型号规格的元器件进行装焊，然后进行产品测试，当故障消失、测试结果合格后对焊点进行防护处理，按照装配工艺要求完成产品装配。

4）故障机理分析。对解焊下机的故障元器件进行失效分析，针对失效分析结论，结合逻辑原理和原始故障现象进行机理分析，判断该故障元器件是自然失效还是异常电应力、环境应力导致的失效，给出明确结论。按照技术归零标准要求完成归零报告的编写和评审。如果该故障与系统异常电应力或环境应力有关，应及时反馈系统查找原因并采取防护性措施。

5）产品试验考核与出厂交付。产品修复后，应按照出厂验收条件进行相应试验和考核，并编写产品修复工作总结报告，召开重新出厂评审会，该会议应有用户单位和产品返修申请单位代表参加。会议通过后，产品按照规范包装要求包装，按照出厂程序出厂交付。

6）维修过程应特别注意：

a. 按照产品维修大纲确定产品维修地点、环境和人员；

b. 产品维修完成后应按照维修大纲进行全面测试和相应的试验考核；

c. 应对维修的过程、故障现象、处理措施和测试验证情况进行完整记录；

d. 与维修过程有关的运输、包装等应严格按照要求执行。

(6) 贮存信息记录与收集

军用嵌入式计算机贮存过程中的信息对于开展产品贮存寿命评估和技术研究至关重要，是产品质量状况和寿命评估分析的直接证据要素。因此，系统、全面、科学地记录贮存信息非常关键。为了后续开展贮存寿命评估提供系统化的数据信息，应重点开展以下工作：

1）全面记录产品每年的测试信息，包括测试日期、环境条件、测试设备仪器、测试数据和测试结论等；

2）如实记录汇总年度维修信息，包括故障现象、问题定位、采取措施、更换元器件及失效机理模式、维修地点、人员等；

3）按照贮存场所管理规定，按日记录产品所处环境的温度、湿度值，记录时间和人员等信息。

9.3　导弹武器型号贮存过程中加电测试对计算机产品的影响分析

导弹武器型号产品都具有长期贮存的客观需求。在传统的贮存过程中，由于不同设备仪器的结构、工艺和材料等特性差异，为了保证导弹完好率，需要确切知道这些设备的功能、性能变化状况，以便及时给予维修或更换，提出了要对系统进行定期加电检测的要求。但是，由于导弹配套的产品数量多，加电测试需要的条件保证复杂，全部测试一遍的时间较长，对部队保障工作量、资源占用量以及经费消耗等都带来了非常大的负担。因此，能否实行免检测或减少检测次数或延长检测时间间隔等，是部队使用提出的新的实际需求。

以前的导弹武器系统都按照每年定期检测进行设计和维护，很少进行长期不加电或拉长检测时间间隔的技术试验和影响分析。作为导弹武器型号的核心设备，军用嵌入式计算机也是典型的电子产品，其本身能否实现免检测或保证最大检测时间间隔，这一结果必将直接影响着全弹系统检测周期与方法的确定，而决定这一结果的根本因素是计算机所使用的元器件失效模式。军用计算机产品是由不同种类的电子元器件按照特定的逻辑关系组合而成，具有不同的功能和性能。计算机产品的可靠性和产品寿命与其所选用的元器件、原材料以及所采用的工艺措施直接相关，而最根本的影响因素是所选用的元器件的制造缺陷和失效模式。要保证长期贮存元器件不失效，就必须保证元器件的制造缺陷不被激发，失效模式所需要的条件始终不存在。

9.3.1 常用元器件失效机理分析

军用计算机产品一般所用到的元器件和零组部件包括电阻、电容、电感、晶体晶振、光耦、继电器、半导体集成电路、混合集成电路和接插件等。这些元器件和零组部件由于制造工艺和原材料的不同都有各自不同的失效模式，这些失效模式都或多或少与贮存方式、贮存条件紧密相关，是否加电也会对失效模式的激发产生一定的影响。

（1）电阻器失效模式和失效机理

电阻器的种类繁多，主要可分为固定电阻器和可变电阻器两大类。

固定电阻器主要有金属膜电阻器、金属氧化膜电阻器、碳膜电阻器、线绕电阻器、玻璃釉电阻器等。固定电阻器的主要失效模式可分为两大类，即致命失效和参数漂移失效。经统计，85%～90%的电阻器失效属于致命失效，失效模式主要表现为开路；只有10%左右是阻值漂移失效，一般短路失效模式在电阻中很少见到（如果出现，一般与其引线焊点结构方式有关）。

可变电阻器又称微调电阻器、可调电阻器，即其阻值可以在一定的范围内任意改变。可变电阻器主要可分为卧式可变电阻器、立式可变电位器、小型可变电位器、精密可变电位器、贴片可变电位器。可变电阻器的失效模式由于结构和使用的原因，动片与定片之间容易氧化和接触不良，或者银电极发生迁移，所以可变电阻器故障发生率明显高于普通电阻器。

电阻器在贮存条件下主要失效模式和失效机理见表 9-1。

表 9-1　电阻器的主要失效模式和失效机理

电阻器类		主要失效模式		导致失效模式发生的常见失效原因
固定电阻器	金属膜电阻器	致命失效（开路）		瓷芯基体破裂，电阻膜破裂，电阻膜腐蚀，引线断裂，接触不良，使用不当
		参数漂移失效（阻值漂移）		电阻膜的厚度不均匀或有疵点，膜层的刻槽间有导电沾污物，膜层与帽盖接触不良，电阻膜腐蚀
	碳膜电阻器	致命失效（开路）		瓷芯基体破裂，电阻膜破裂，电阻膜分解，引线断裂，接触不良，使用不当，电阻膜腐蚀
		参数漂移失效（阻值漂移）		电阻膜的厚度不均匀或有疵点，膜层的刻槽间有导电沾污物，膜层与帽盖接触不良
	线绕电阻器	致命失效（开路）		绕组断线，引线结合不牢，焊点接触不良
		参数漂移失效（电参数超差）		线材绝缘性能不好，老化不充分
可变电阻器		参数漂移失效（阻值漂移）		电阻膜的厚度不均匀或有疵点，膜层有导电沾污物，膜层与帽盖接触不良，电阻膜腐蚀，触点氧化，腔体内存在多余物
		致命失效	开路	瓷芯基体破裂，电阻膜破裂，电阻膜腐蚀，引线断裂，接触不良，使用不当
			短路	银电极迁移
			阻值不可调	滑动片接触端氧化，滑动片接触端腐蚀，使用不当，腔体内存在多余物

（2）电容器失效模式和失效机理

常用的电容器的种类包括固体钽电解电容器、铝电解电容器、陶瓷电容器和塑料薄膜电容器。由于各种电容器的材料结构、制造工艺、性能、使用环境及条件的不同，其失效模式和机理也不相同。电容器主要失效模式为开路、短路、电参数漂移和超差、电解液泄漏和引线腐蚀断裂等。电容器在贮存条件下的失效模式和失效机理见表 9-2。

表 9-2　电容器的失效模式和失效机理

电容器类	主要失效模式	导致失效模式发生的常见失效原因
固体钽电解电容器	电参数超差（漏电流变大）	Ta_2O_5 介质膜有裂纹、裂缝缺陷，钽丝与钽块接触处有空隙、裂缝
	电参数超差（电容量变小）	Ta_2O_5 介质膜场致晶化
	短路	Ta_2O_5 介质膜有缺陷和疵点，瞬间击穿后由于自愈作用修复 Ta_2O_5

续表

电容器类	主要失效模式		导致失效模式发生的常见失效原因
铝电解电容器	电解液泄漏		外壳和封口板封接不良、橡皮老化、卷边，滚槽工艺不良，工作电解液黏度太小
	开路		引出箔和电极接触不良，阳极引出箔被腐蚀断裂，工作电解质干涸、冻结
	短路	击穿	氧化膜损伤有孔洞，电解液变化或干涸
		爆炸	氧化膜有疵点、缝隙、孔洞等缺陷，当修补氧化膜介质时，产生气体，生产工艺中引入 Cl^-、SO_4^{2-} 等有害离子作用
	电参数超差		电解液不断损耗、溶液变稠，电阻率增加，Al_2O_3 膜不致密、不坚固、有机械损伤，铝箔有杂质、纯度不高
陶瓷电容器	短路		介质中有污物、裂缝、空隙，银离子迁移、扩散入介质
	开路		引线和陶瓷介质结合处有空隙，接触电阻变大或引线氧化，电极和介质脱离
	电参数漂移		电极损坏，烧成工艺不当，表面污染、湿气侵入介质
塑料薄膜电容器	开路		绕组断头与引线间焊接不良，接触点氧化，接触电阻增大
	电参数漂移		绕组松动，湿气侵入芯包
	短路（介质击穿）		在电极和介质层之间有导电离子，介质材料缓慢老化变脆，组装时介质有微量杂质或污染粒子

（3）电感失效模式和失效机理

常用的电感器（简称电感）一般包括模压绕线片式电感和叠层片式电感。电感主要失效模式有电感量和其他电性能超程、开路、短路。电感在贮存条件下的失效模式和失效机理见表 9－3。

表 9－3　电感的失效模式和失效机理

电感种类	主要失效模式	导致失效模式发生的常见失效原因
模压绕线片式电感	电感量超程	磁芯在加工过程中产生的机械应力较大，未得到释放； 磁芯内有杂质或空洞，磁性材料本身不均匀，影响磁芯的磁场状况，使磁芯的磁导率产生了偏差； 烧结后产生烧结裂纹
	开路	铜线纤细，在与铜带连接时，造成虚焊，开路失效
	短路	铜线与铜带浸焊连接时，线圈部分溅到锡液，熔化了漆包铜线的绝缘层，造成短路
叠层片式电感	电感量超程	温度敏感，从成本与电性能考虑，采用银导电浆料制作内电极线圈，而铁氧体的热膨胀系数与银的热膨胀系数相差 2 倍
	开路	裂纹，焊点接触不良

（4）电磁继电器失效模式和失效机理

早期导弹电子产品中使用的继电器多为电磁继电器。电磁继电器的主要失效模式包括接触不良、开路、参数退化等。电磁继电器在贮存条件下的失效模式和失效机理见表9－4。

表 9－4　电磁继电器的失效模式和失效机理

<table>
<tr><th>电磁继电器种类</th><th>主要失效模式</th><th>导致失效模式发生的常见失效原因</th></tr>
<tr><td rowspan="3">电磁继电器</td><td>接触不良</td><td>触点有机污染，无机污染等</td></tr>
<tr><td>开路（簧片断裂）</td><td>微裂纹扩展</td></tr>
<tr><td>参数退化
（线圈匝间或层间短路）</td><td>线圈漆包线退化或破损</td></tr>
</table>

(5) 晶体、晶振失效模式和失效机理

电子产品中的时钟源一般都采用晶体或晶振产生。晶体、晶振的主要失效模式包括功能失效、振荡不稳定以及频率漂移。它们在贮存条件下的失效模式和失效机理见表 9－5。

表 9－5　晶体、晶振的失效模式和失效机理

<table>
<tr><th>种类</th><th colspan="2">主要失效模式</th><th>导致失效模式发生的常见失效原因</th></tr>
<tr><td rowspan="4">晶体、晶振</td><td colspan="2">振荡不稳定（频率超差）</td><td>壳内沾污，晶体受污染，电极存在损伤</td></tr>
<tr><td colspan="2">频率漂移
（等效电阻大与不稳定）</td><td>电极损伤，石英片损伤，石英片表面沾污，装架影响，水汽</td></tr>
<tr><td rowspan="2">功能失效</td><td>停振</td><td>水汽，石英片破裂，银层断裂，晶片与支架粘接不良</td></tr>
<tr><td>绝缘电阻小</td><td>水汽，石英片沾污</td></tr>
</table>

(6) 分立器件失效模式和失效机理

电子产品中使用的二极管、三极管等都归类为分立器件。分立器件在贮存条件下的失效模式和失效机理见表 9－6。

表 9－6　分立器件的失效模式和失效机理

<table>
<tr><th>种类</th><th>主要失效模式</th><th>导致失效模式发生的常见失效原因</th></tr>
<tr><td rowspan="3">二极管、三极管</td><td>开路</td><td>腐蚀，键合点脱落，紫斑，机械应力，热应力</td></tr>
<tr><td>参数漂移</td><td>PN 结特性退化，水汽</td></tr>
<tr><td>封装开裂</td><td>管帽裂纹，绝缘子损伤漏气，焊点脱落</td></tr>
</table>

(7) 半导体集成电路失效模式和失效机理

半导体集成电路包括处理器、存储器、门电路、可编程器件等。半导体集成电路在贮存条件下的失效模式和失效机理见表 9－7。

表 9－7　半导体集成电路的失效模式和失效机理

<table>
<tr><th>种类</th><th>主要失效模式</th><th>导致失效模式发生的常见失效原因</th></tr>
<tr><td rowspan="3">半导体集成电路</td><td>开路</td><td>腐蚀，键合点脱落，紫斑，机械应力，热应力</td></tr>
<tr><td>漏电</td><td>PN 结缺陷，水汽，金属迁移，界面态</td></tr>
<tr><td>参数漂移</td><td>氧化层电荷，钠离子沾污，表面离子，芯片裂纹</td></tr>
</table>

（8）光耦失效模式和失效机理

光电耦合器是由半导体光敏器件和发光二极管或其他发光器件组成的器件，其主要功能是用光来实现电信号的传递。失效主要是由于光电管发光效率下降、漏电或发光管和光敏管之间的隔离失效造成。光电耦合器在贮存条件下的失效模式和失效机理见表 9－8。

表 9－8　光电耦合器的失效模式和失效机理

种类	主要失效模式	导致失效模式发生的常见失效原因
光电耦合器	功能失效	腐蚀，键合点受损，脱落，机械应力，热应力
	参数退化	晶格缺陷或表面劣化导致的 CRT 退化，可动离子沾污造成的暗电流增大，以及输入和输出间绝缘电阻下降

（9）混合电路失效模式和失效机理

混合集成电路的种类繁多，按工艺结构主要可分为薄膜和厚膜两大类。混合集成电路的主要失效模式可分为两大类：致命失效和参数漂移失效。经统计，85％～90％的混合集成电路失效属于致命失效，失效模式主要表现为无功能；只有 10％左右是参数漂移失效。混合集成电路在贮存条件下的失效模式和失效机理见表 9－9。

表 9－9　混合集成电路的主要失效模式和失效机理

种类	主要失效模式	导致失效模式发生的常见失效原因
厚膜电路	参数漂移失效	虚焊，芯片缺陷，漏气
	致命失效	虚焊，组件脱落，电损伤，漏气腐蚀，多余物
薄膜电路	参数漂移失效	虚焊，芯片缺陷，漏气
	致命失效	虚焊，组件脱落，电损伤，漏气腐蚀，多余物

（10）接插件失效模式和失效机理

接插件是设备互连、信号传递的重要环节，一般都配对使用，有座针头孔和座孔头针之分。接插件在贮存条件下的失效模式和失效机理见表 9－10。

表 9－10　接插件的失效模式和失效机理

种类	主要失效模式	导致失效模式发生的常见失效原因
接插件	接触不良	尘埃沉积，磨损，氧化，插接不到位
	插拔力下降	弹簧应力松弛，表面沾污
	相邻针、孔间绝缘性能下降	表面沾污，湿度增大会存在导电或漏电流

9.3.2　各类元器件的贮存退化趋势影响分析

电子产品所使用的元器件都有贮存使用寿命期，不同种类、规格或质量等级的元器件贮存使用寿命期各不相同。随着使用年限的延长，产品不同程度地受到生产制造过程中所施加的试验应力以及贮存过程中所受到的温度、湿度、盐雾和振动应力的作用，这些综合应力作用，随着时间的累积都会导致产品性能参数出现退化的趋势，不同的元器件其退化程度不一样，但一个整机产品寿命最短的元器件的退化恶劣程度直接决定了整机后续寿命的使用期限。

通过对多个型号的贮存寿命研究和试验可知，在贮存过程中，由于受到不同贮存应力的作用，各类元器件的功能、性能都有不同形式的退化。这些退化都隐含着其工艺特征的变化，当工艺特征变化到一定程度就直接导致其功能丧失，使寿命终止。其实，在电子产品的逻辑设计中，对各元器件的性能都有一个基线要求（特定的性能指标范围），一般不是性能指标的最低值，即等不到性能指标下降到最低值，电子产品组合逻辑的功能、性能就已经出现了异常。因此，整机的使用寿命一般要远低于元器件的寿命期限，也就是说整机的寿命极限取决于本产品所有元器件中功能、性能退化最快，最早导致整机出现异常的那个元器件。

9.3.3　电应力对典型元器件失效模式产生的影响分析

电子元器件本身就是依靠加电工作的，但是像导弹武器中的嵌入式计算机产品，真正使用时只飞行一次，平时绝大多数时间是贮存。由于本身的使用特征决定了其不能长期加电工作，而是长期不加电贮存。

由于导弹产品的不加电长期贮存，相当于计算机产品中所使用的所有元器件都处于静止贮存状态，在贮存的过程中，长期受到库房环境条件或一年四季气候变化的影响。随着贮存时间足够长，会使元器件固有的失效模式存在加剧恶化的可能，如果在这种条件下对计算机产品加电，会对计算机造成什么影响？

在计算机产品的元器件选用中，类别很多。一般的器件由于其芯片的设计、器件的封装及工艺都保证了其受环境变化影响最小，而一些分立元件和机电部件由于构造特性决定了其是计算机整机的薄弱环节，也是退化最快的部分。同时，作为计算机产品的核心模块晶振，它具有机电产品的特性，又是十分关键的部分，如果没有时钟源，计算机产品将无法工作。为此，我们选取一般计算机产品中使用量最大且与精度类指标直接相关的电阻、电容类和与时钟直接相关的晶振进行分析。

（1）金属膜电阻器影响分析

金属膜电阻器因温度特性好而被大量使用，但若密封不严或表面划伤，水分会透过包封材料吸附在导电膜或刻槽表面，在直流电场作用下会在导电膜有缺陷的地方首先产生电解腐蚀。

在电场作用下，水电解成氢离子和氢氧根负离子，氢氧根负离子在电场作用下趋向电阻器施加电压的正极，分别与导电膜中的铬和镍产生化学反应，生成三氧化二铬和氧化镍，沉积在电阻器施加电压正极附近的刻槽表面，导致导电膜电解腐蚀。随着导电膜的部分镍和铬被逐渐氧化，使得该部分电阻继续增大、温度升高、电化学反应进一步加剧，直至将该部分腐蚀断裂，最后导致电阻器开路。

(2) 电容器影响

电容器的影响与电容器的工艺结构和所使用的材料紧密相关。

①固体钽电解电容器影响分析

从固体钽电解电容器的结构来说，阳极钽块是由钽粉在真空烧结炉中高温烧结而成的多孔体，介质层是钽块表面赋能形成的阳极氧化膜（Ta_2O_5）。工作电解质即阴极是覆盖在阳极氧化膜表面的二氧化锰（MnO_2）薄膜。其结构示意如图 9-2 所示。

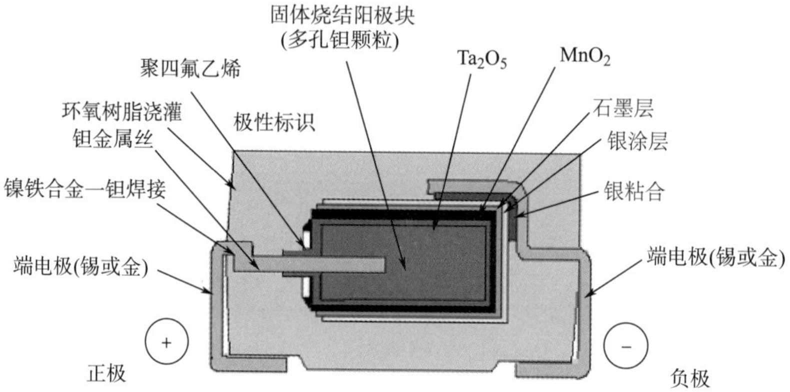

图 9-2　钽电容结构

氧化膜介质层是无定形结构的五氧化二钽薄膜，具有优良的介电性能。但是，由于材料与工艺原因氧化膜存在杂质、裂纹、空洞等缺陷，它们在电压、温度的作用下成为场致晶化的发源地，结晶形成的五氧化二钽介电性能很差，易发生击穿烧毁现象。

钽电解电容在加电过程中电压应力的作用下，五氧化二钽薄膜易发生晶化，从而使漏电增大。因此，钽电解电容贮存期加电会加速其漏电参数的退化。

②银离子迁移影响分析

钽电解电容器中都使用了银材料，当空气中湿度过高时，水膜凝聚在电容器外壳表面，可使电容器的表面绝缘电阻下降。此处，对于半密封结构电容器来说，水分还可渗透到电容器介质内部，使电容器介质绝缘电阻的绝缘能力下降。因此，高温、高湿环境对电容器参数恶化的影响极为显著。经烘干去湿后电容器的电性能可获改善，但是水分子电解的后果是无法根除的。因为，电容器工作于高温条件下，水分子在电场作用下电解为氢离子（H^+）和氢氧根离子（OH^-），引线根部产生电化学腐蚀。即使烘干去湿，也不可能使引线复原。

无机介质电容多半采用银电极。半密封电容器在高温条件下工作时，渗入电容器内部的水分子产生电解，在阳极产生氧化反应，银离子与氢氧根离子结合生成氢氧化银。在阴极产生还原反应，氢氧化银与氢离子反应生成银和水。由于电极反应，阳极的银离子不断向阴极还原成不连续金属银粒，靠水膜连接成树状向阳极延伸。银离子迁移不仅发生在无机介质表面，还能扩散到无机介质内部，引起漏电流增大，严重时可使两个银电极之间完全短路，导致电容器击穿。

银离子迁移可严重破坏正电极表面银层。引线焊点与电极表面银层之间，间隔着具有半导体性质的氧化银，使无机介质电容器的等效串联电阻增大，金属部分损耗增加，电容器的损耗角正切值显著上升。

银离子迁移不仅会使非密封无机介质电容器电性能恶化，而且可能引起介质击穿场强下降，最后导致电容器被击穿。云母电容器大多是以银材料作电极板，由于银具有银迁移现象，云母片中一旦存在缺陷，在一定湿度和直流电压条件下，电容器工作一段较长时间后，银离子沿缺陷处发生迁移，最终形成“银须通道”，引起云母电容器绝缘电阻变小，甚至发生电容器短路失效，造成设备故障。因此，产品加电，在低压环境下会加速银离子迁移。

（3）晶体/晶振影响分析

晶体/晶振是电子产品的时钟发源地。在加电情况下，由于驱动电压/电流的作用，晶片高频振动，晶体/晶振内会产生机械应力，导致晶体/晶振产生形变。当晶体/晶振电极存在损伤、石英片存在损伤、石英片与支架粘接不良时，机械应力均会使得以上情况加剧，从而使得晶振的参数退化过程加快。

（4）降低加电影响的措施

以上电应力对典型元器件的影响分析，都是基于元器件本身存在缺陷的情况下才成立的。但是，按照现在的计算机产品研制流程和质量控制程序，这样的情况可以得到有效的控制，保证发生失效的概率极低。这主要是基于以下原因：

1）各产品元器件的选用都有严格的标准要求和质量等级控制标准要求；

2）不同质量等级的元器件都按照相应的标准在出厂前进行了完整的老化和测筛，已经大部分剔除了存在早期失效模式的个体；

3）计算机产品选用的元器件还要进行元器件入所、入厂复验筛选，达到进一步剔除缺陷产品个体的目的；

4）计算机产品整机生产中还必须进行整机级的筛选试验和老化试验，能够继续剔除有缺陷的个体；

5）计算机产品整机一般都进行了比较完备的三防（即防水汽、防盐雾、防霉菌）和密封加固处理，能够保证整机内部的元器件处于一个相对固定且理想的环境中。

综上所述，军用嵌入式计算机整机中的元器件残留固有失效模式的个体已经基本剔除，而对于不存在缺陷的元器件产品，贮存过程中加电测试不会对计算机产品可靠性带来影响。

9.3.4　现有型号计算机产品贮存条件下加电间隔能力调查

为了摸清实际型号产品贮存过程中的最长加电时间间隔和计算机产品的功能、性能实际情况，2015 年 6 月，对某研究所 10 个型号共 18 台库存例试产品全部进行了调查和摸底试验，以便检验存在不同加电间隔的计算机产品的功能、性能退化情况，这些产品都是包装箱内常温下存放。具体型号摸底试验统计情况见表 9－11。

表 9-11 10 个型号共 18 台贮存条件下加电间隔能力调查汇总表

贮存年限	台套数量	占用比例	指标精度
小于 4 年	2 台	11.1%	满足技术指标要求
4～5 年	4 台	22.2%	满足技术指标要求
5～6 年	7 台	38.9%	满足技术指标要求
6～7 年	2 台	11.1%	满足技术指标要求
8 年以上	4 台	22.2%	满足技术指标要求

从调查结果可以看出，10 个型号的 18 台产品全部测试正常。其中，加电测试间隔大于 4 年的有 17 台，占 94.4%；大于 5 年的有 13 台，占 72%；大于 6 年的有 6 台，占 33.3%；另外 2 台虽然未满 5 年，但各项测试均正常。大多数产品的加电间隔在 5～9 年之间，最长加电间隔为 9 年。为了确认这些产品的功能性能、退化情况，分别对 10 个型号 18 台产品按照各自的技术条件进行了常温、高温和低温的全面测试，均符合技术要求。由于这些产品均经历了各自严酷的例行试验考核，再经过长期贮存还能够满足大于 5 年的加电间隔要求，也就是说，一般经过出厂考核的计算机产品 5 年不加电也不会造成功能、性能退化。因此，可以初步给出计算机产品能够保证最低 5 年的加电间隔。

9.3.5 综合分析

通过常用元器件失效机理分析、各类元器件贮存退化趋势及影响分析、贮存过程中电应力对典型元器件失效模式产生的影响分析和现有型号计算机产品贮存条件下加电间隔能力的调查和试验验证，我们可以得出以下结论：

1）计算机或电子产品的元器件或零组部件均存在一定的失效模式和贮存寿命期限，这些失效模式和寿命期限都与贮存环境条件及应力强度有关。

2）各电子产品按照现行规定的元器件选用标准和产品试验条件进行质量控制和试验筛选，有缺陷的元器件基本都可以得到有效剔除，健康的元器件是不怕加电的。

3）电子产品整机严格按照密封、防护的工艺措施进行处置，能够保证所使用的元器件长期处于一个较理想的贮存环境中。这也是保证产品长期不加电能够处于完好状态的前提。

4）贮存过程中严格控制温度与湿度，定期对电子产品进行加电检测，不会对产品造成损伤，可以通过工作发热有效排除产品内部积存的湿气，也可以使个别具备自愈能力的元器件（如一些银材料电容）恢复到健康状态。对于像 FLASH、EEPOM 这样依靠电荷存储信息的器件，定期加电有利于信息的长期稳定，防止个别单元因为工艺漏电而造成存储信息丢失。

5）从现实库存例试样品的加电间隔与性能摸底试验可知，当产品“三防”到位，且装配机箱密封完整的条件下，一般能够保证 5 年不加电的完好性。

6）对于整机产品是否能保证 8 年不加电还需要试验验证，更长的加电时间间隔可能对于 FLASH、EEPOM 类存储的信息正确性存在一定风险，除非加电时重新写入。例如，某产品使用 8 年后曾出现异常，故障为一只早期贮存寿命为 10 年的 FLASH 器件某个单元的 1 bit 位发生了变化，通过试验验证，只要重复写入就可以恢复正常。

7）对于不带机箱的板级产品能否达到整机同样的能力，目前还不能下结论。

综上所述，电子产品，包括军用嵌入式计算机产品是否能够长期贮存不加电能够保持完好性，不能简单地一概而论，到底间隔多长时间也不可能有统一的结论。但只要计算机或电子产品元器件筛选工作有保证、机箱密封装配完整、三防到位、库房能够定期排潮的情况下，一般整机产品能够做到 5 年不加电的时间间隔，加电后能够正常工作。

第10章　军用嵌入式计算机整修延寿技术

军用嵌入式计算机在寿命周期内，都离不开阶段整修工作。在武器系统设计寿命到期后，许多产品的功能性能完好，能否继续发挥该武器的作用，是所有武器型号面临的重大问题，是立即将该武器报废，还是通过整修延寿继续使用、降低成本费用，综合各方面考虑，延寿成为了各武器装备的优先选择方向。那么，如何系统、规范化地开展好武器型号的贮存延寿工作，对产品整修与寿命延长的效果影响很大，必须系统科学地进行研究与实践。由于国内以前这方面的技术研究不多或不够系统、经验不足，没有可以参照的系统方法，通过我们多个型号产品贮存延寿的实践验证，现总结推荐一些方案如下，以供参考。

10.1　整修技术

军用嵌入式计算机的整修工作，主要是对超期服役计算机或经系统统一计划安排的批次性返厂产品所进行的系列检测维修和试验验证工作，以便使计算机的功能和性能技术指标重新达到出厂标准要求，确保导弹系统稳定可靠。

整修工作的依据一般为上级系统的统一规定、技术要求和产品设计技术文件。整修工作的开展必须制定整修方案、整修工作计划、整修试验大纲，整修工作过程必须有设计、工艺、质量检验和用户代表参加。整修工作结束后应编写整修工作总结报告，产品经过评审后方可出厂交付。

10.1.1　整修方案

产品整修方案是整修工作的基础，在整修工作开始前应制定产品整修方案，在方案中应充分贯彻执行上级要求，明确整修的工作重点、责任单位以及主要责任人，规定工作项目和方法、步骤，确立产品试验项目和条件，并提出整修工作中应注意的事项。

在制定整修方案时，应针对产品由于寿命均已超过设计寿命期的事实，确定试验项目与条件时应按照产品技术条件进行适当裁减，即整修后不能完全按照产品生产时的筛选试验（交收试验）及例行试验条件进行试验。一般地，试验类别包括筛选试验、出厂考核和例行试验，在各类试验中一般按照先温度后力学试验顺序进行。

与此同时，还应根据产品的技术特点以及元器件特性，确认薄弱环节，制定重点检测项目。如对于计算机用CMOS集成电路，其抗静电能力较差和独特的闩锁效应是它的薄弱环节。点火关机信号一般具有高电压、大电流特性，所使用的继电器触点吸合时间的变化对导弹飞行是致命的，因此继电器也是计算机薄弱环节。其他薄弱环节还包括晶体或晶振的频率稳定性、接口信号的电气特性等。

(1) 产品整修工作流程

一般地，产品整修工作流程如图 10－1 所示。

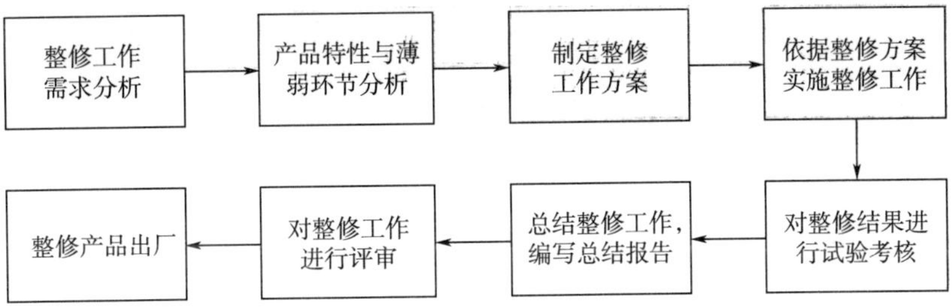

图 10－1　军用嵌入式计算机整修技术流程

(2) 产品整修技术要求

①环境要求

环境温度 (25±5) ℃，相对湿度 30%～75%，工作现场具有良好照明和通风设备，没有酸碱挥发性有害物质。工作台面及供电设备接地良好。

②人员要求

凡参加整修工作的人员必须经过专业培训，应熟悉工艺文件和技术文件，必须具有上岗证。

③操作要求

计算机在整修过程中应严格遵守防静电措施。操作人员进入调试区必须穿防静电工作服，触摸元器件、印制件、产品时必须戴手套、手环等，操作中严格执行双岗制。

④工艺要求

整修过程中应制定工艺流程，原则上采用定型工艺进行整修，也可以采用现行工艺方法进行。整修除执行定型工艺流程外，应针对整修的内容制订专用工艺，并经过工艺评审。对于原生产工艺不符合现行工艺标准的，应视产品情况制定处理意见和质量保证措施。

⑤整修所用元器件、原材料要求

整修所用元器件、原材料要求应符合计算机的定型要求，并进行测试筛选和复验。对故障元器件要进行失效分析，给出贮存环境对电子产品寿命和可靠性影响的结论，隔离批次性质量问题。

⑥设备要求

应具有符合技术条件要求的成套专用工装，工装设备的软硬件技术状态应与被整修产品的技术状态和要求对应一致，且必须有计量合格证，并在检定有效期内。

⑦整修过程及结果要求

产品整修过程中应有详细的记录和流程，并由检验和用户代表进行质量控制和验收。完成试验后，应附有试验报告。产品整修结束后，应通过出厂评审。参加整修的产品均对外观及内部组件进行照相，并保留相应照片和测试数据，为后续型号贮存试验提供参考依据。

⑧技术问题处理

对整修过程出现的技术质量问题要有明确的分析结论，重大技术质量问题申报上级机关业务部门备案。对失效的元器件、原材料应分析失效的机理，失效元器件要在具有分析资格的分析中心进行失效分析，作出分析结论，同时还要对贮存环境对贮存性能和寿命的影响进行预测，特别是贮存环境对寿命和可靠性的影响。

10.1.2　整修工作实施

整修过程一般次序为：外观检查、电气性能检查、计算机开盖检查、更换已经通报的有批次性质量问题或禁用的元器件、产品调试与试验。其整修流程如图 10－2 所示。

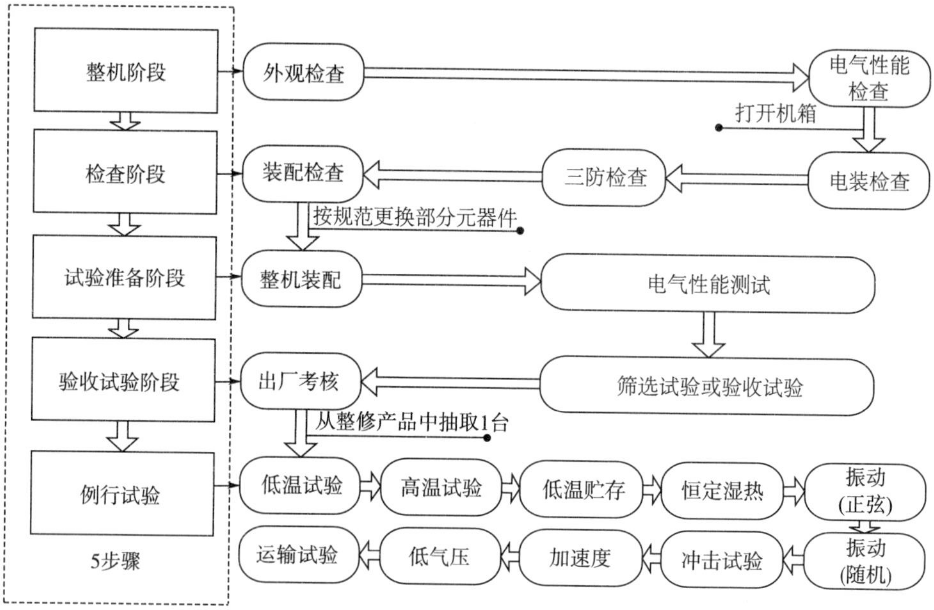

图 10－2　军用嵌入式计算机整修流程

(1) 外观检查

外观检查包括以下内容：

1) 对产品进行外壳检查，有无划伤、压痕、变形、脱漆、锈蚀、霉点（霉斑）、变色等现象；

2) 对电缆插座芯针进行检查，有无歪斜、损伤、氧化、锈蚀等现象；

3) 对产品壳体划伤、脱漆进行整修和涂补，更换有损伤、崩角、掉块的电缆插座。

(2) 电气性能检查

待整修的计算机按照产品技术条件和测试细则要求进行全面单元测试。测试结果与出厂产品证明书的记载数据进行比对，对技术指标有变化的部分进行分析，查找原因。

（3）计算机开盖检查

①电装检查

对产品内部装机元器件引脚、壳体、接插件插针及焊点质量情况进行检查。接插件插针如出现锈蚀现象应进行更换，对弯针应进行校正处理，若弯针影响接插件电气性能应进行更换和维修，并对锈蚀、变色等情况进行记录。

②三防检查

对印制件三防喷漆部位及所有加固器件进行检查，若出现漆层脱落及环氧堆积现象应依据三防工艺要求进行处理，同时更换橡胶密封圈，并做好记录。

③装配检查

对装配结构件、紧固件进行检查。紧固件有松动现象的应进行紧固处理。更换全部橡胶减振器、减振器的紧固件及配套紧固件，更换完毕后应进行三防处理。

④波形普查

为了确认产品各信号的电气性能指标变化情况，又不因为测量而破坏产品的三防状态，建议选取例行试验产品为代表进行波形普查。即对例试机内部每块印制件集成电路的信号波形、幅度进行动态普查，对波形异常、幅度降低、时序紊乱等有缺陷的项目进行记录和分析，查找原因，并对同批次产品制定举一反三措施。

（4）更换已经通报的有批次性质量问题或禁用的元器件

由于产品生产年限早、贮存时间长，在此期间可能会通报一些产品所使用的元器件或原材料曾发生的批次性质量、工艺问题，或在此期间新公布一些禁限用元器件或原材料。要针对这些情况逐一核查产品所使用的元器件、原材料清单，并制定更换或处置措施，以便确保整修后产品寿命的延长。例如，由于早期研制生产的产品采用了半密封液体钽电容（经验证明确为禁用元器件），因此借整修之际可将半密封液体钽电容更换为更高标准的国军标全密封液体钽电容；一些橡胶零部件由于长期使用其性能退化等，也可一同更换。

（5）产品调试

应按照产品调试工艺规程，对每台整修产品的各项功能、性能指标进行测试确认，按照单元测试项目清单对产品进行全面测试，对测试结果进行记录保存，并进行整修前后及同批次整修产品之间的一致性比对。

10.1.3　整修试验考核

产品经过贮存和整修后其功能与性能指标是否满足产品技术条件规定，能否适应环境条件变化的要求，都必须通过试验进行考核。一般地，试验项目包括筛选试验（交收试验）、出厂考核和例行试验三大项。其试验项目和条件的依据是产品技术条件，但考虑到产品已经超出设计寿命，整修后还必须正常使用，防止因为试验过量级造成质量隐患和使用可靠性、使用寿命降低，必须对相关条件进行变更控制。

（1）筛选试验（交收试验）

在产品完成检查、波形普查和元器件更换等工作并经过调试，确认产品功能性能指标符合技术条件规定后，进行筛选试验，参加整修的每台产品都必须进行该项试验。筛选试验的项目和条件应依据产品整修方案规定执行，在制定整修方案时应对一些环境或机械应力可能导致产品使用可靠性下降的条件进行限定，如温度循环试验的次数一般为 3 次，随机振动可以采用量级减半的方法进行（即振动施加应力的时间减半或量级减半），其他筛选试验条件按技术条件规定执行。

（2）出厂考核

每台参加整修的产品都必须严格按照产品整修方案规定的出厂考核试验项目和条件进行出厂考核。

（3）例行试验

在完成出厂考核的产品中，按照整修方案规定的条件和数量选取例试产品进行例行试验考核。例行试验的项目和条件应按照整修方案的规定进行。只有通过了例行试验考核，本批整修产品通过出厂评审后方可交付使用，但用于例行试验的产品交付后只能用于地面训练和测试使用，不能用于飞行试验。

10.2 延寿技术

军用嵌入式计算机的延寿技术是一门多学科系统综合的新兴技术，涉及到元器件、原材料、热学、力学、电磁学以及统计学等相关学科，主要内容是对即将到期或超期服役的计算机、电子产品或系统，通过对其原始设计寿命周期内的功能和性能指标的表征量统计、变化趋势综合分析、针对薄弱环节的系统性整修和整机的寿命等效验证等工作，使产品的功能与性能技术指标符合出厂标准要求，使其设计使用寿命得到预期延长，确保系统产品能够安全可靠地继续使用。

10.2.1 延寿方案

延寿方案的制定必须建立在已经明确了延寿产品对象、提出了可以接受的延寿年限的基础上。所谓可以接受的延寿年限是指延寿产品经过设计寿命期的使用，其功能性能指标通过一定的整修措施后还具有寿命延长的可能性，且延长的期限是经过分析可以实现的。一般来说，产品的延寿工作流程如图 10 - 3 所示。

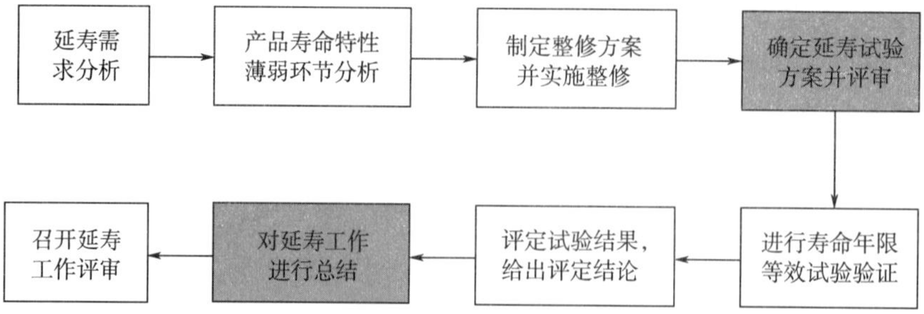

图 10 - 3 产品延寿工作流程

延寿工作的开展必须进行全面策划，制定延寿方案、延寿工作计划并进行评审，确定延寿工作项目团队，并明确团队人员职责。由于延寿工作涉及的工作内容（项目）多，相关试验的时间长，最终涉及到产品寿命的预示，因此，延寿工作过程必须有设计、工艺、质量检验和用户代表参加，延寿工作结束后应编写延寿工作总结报告，并经过由产品应用所属系统和相关专家组成的专家组评审。

10.2.2　延寿工作实施

延寿工作实施必须建立在完整的延寿方案基础之上，产品的延寿工作必须与系统及系统中其他产品延寿工作同步开展，且遵循相同的标准和要求。

(1) 延寿需求分析

针对一项延寿任务，首先应确定承担该任务的技术团队，明确技术负责人，对团队中每个人员的工作职责进行分工。由项目负责人组织任务团队人员认真分析延寿任务的产品对象、研制使用历史，以及寿命期内该产品所出现的各种问题等方面的信息收集，研究系统的延寿技术要求和上级对延寿工作的系统部署，为完善延寿方案、制定工作计划及分析产品薄弱环节奠定基础。

(2) 寿命特性及薄弱环节分析

根据产品的功能、性能、元器件特性以及制造工艺环节，以产品的指标体系为基础，结合影响指标体系的各要素，对收集到的产品生产及使用情况进行综合分析，确定产品的薄弱环节或部位。对这些薄弱环节或部位进行明确标识，以便在产品延寿前的整修方案制定过程中对薄弱环节给予重点关注，给出明确的监测和判断措施，以使延寿试验过程中的薄弱环节能够得到准确甄别、覆盖和剔除，确保产品延寿具备基础条件。

(3) 延寿产品整修

针对延寿任务需求分析和产品薄弱环节分析，首先按照 10.1.1 小节的要求制定延寿产品的整修方案，其次按照 10.1.2 小节的要求实施延寿产品的整修工作，最后按照 10.1.3 小节的要求对整修结果进行验证。只有通过验证后的产品才具有延寿工作的基础。

(4) 寿命试验方案的制定与评审

延寿试验方案的制定是延寿工作成败的关键，其中，最主要的是寿命等效试验方法的确定。一般地，计算机或电子产品等效试验方案的确定必须包含以下内容。

①延寿试验时间的计算

计算机为电子产品，寿命服从指数分布，其寿命试验采用定时截尾的可靠性试验，延寿试验时间按照小时（h）计算。延寿试验时间是以产品的平均寿命时间为基础的，产品的平均延寿时间（t）的计算公式为

$$t = \text{延寿年限} \times 365 \times 24 \tag{10-1}$$

例如，某产品需要延寿 4 年，即 $t = 35\,040$ h。

由寿命服从指数分布的产品的可靠性评估方法可知，对于定时截尾的可靠性试验，当置信度取 0.7 时，产品的平均寿命（t）估算公式为

$$t=\frac{2t'}{\chi_{0.7}^{2}(2\gamma+2)} \tag{10-2}$$

$$t'=\frac{t\cdot\chi_{0.7}^{2}(2\gamma+2)}{2} \tag{10-3}$$

式中　t——平均寿命；

t'——等效试验时间；

γ——故障数。

取 γ 为零（即延寿试验过程中不能出现故障），即 $\chi_{0.7}^{2}$（$2\gamma+2$）为 2.407 95，等效试验时间按式（10－3）进行计算。例如，某产品延寿 4 年的等效试验时间计算结果为：平均寿命为 35 040 h，等效试验时间为 42 188 h。

②延寿试验产品子样的确定

延寿试验所对应的产品应为同批次生产的产品，其技术与工艺状态应相同，且具有足够的数量。如果技术状态或工艺状态有差异，但经过分析不会因为长期贮存而影响或改变主要性能指标和寿命的产品，可以视为同批次参加子样选取。选用参加试验的子样数量一般为 3 台，最少不能低于 2 台，其中，必须涵盖不同状态的有差异产品。

③延寿试验方法的选择

延寿试验方法具有多种选择。如果采用正常使用条件进行寿命试验，往往需要耗费很长时间，虽然可以通过加大子样数量来缩短试验时间，但受限于军用产品研制成本昂贵和批量较少的影响，不可能抽取大量产品进行试验。综合考虑试验时间、费用和产品子样等因素，一般选取加速寿命试验方案。

所谓加速寿命试验，就是选用对产品寿命影响最大、最敏感的应力，采用持续增强应力的加速方法，进行产品的寿命验证试验。它可以缩短试验时间、提高试验效率、降低试验成本。加速寿命试验一般有 3 种试验方法：

1）恒定应力加速寿命试验（CSALT）。将试件分为若干组，每组在一种恒定应力条件下进行寿命试验。该方法比较简单，统计分析相对比较成熟，应用较广泛，但试验时间长，所需试验产品子样数量多。

2）步进应力加速寿命试验（SSALT）。它是一种随时间分阶段逐步增加试验应力到受试产品上，应力水平由低到高逐级增加，直到受试产品出现失效的试验方法。其特点是试验比较复杂，对试验设备要求高，但试验时间短，所需试验样品子样数量少。

3）序进应力加速寿命试验（PSALT）。这是一种随时间等速增加试验应力，直到受试产品出现大量失效为止的试验方法。主要依靠加载应力随时间不断增加，可以更快激发受试产品失效，进而提高加速寿命试验效率，但这种试验要求有专门的试验设备控制等速增加应力，统计分析也较为复杂，大量使用受到限制。

根据以上试验方法的对比，一般采用步进应力加速寿命试验。

④加速因子的确定

采用步进应力加速寿命试验，必须事先确定加速因子。加速因子是加速寿命试验的一个重要参数，它是加速应力下产品某种寿命特征值与正常应力下寿命特征值的比值，也称为加速系数（无量纲）。它反映了加速寿命试验中某加速应力水平的加速效果。

一类产品的加速寿命试验的加速因子必须依靠大量的产品子样进行摸底试验才能确定。计算机属于典型的电子产品，在长期贮存环境条件下影响产品寿命的环境因素主要是温度应力。某研究机构经过专项试验已经给出了电子整机产品的温度与加速因子参考值见表 10－1，该加速因子也已经过了多种产品延寿试验的应用验证。

表 10－1　电子整机产品温度与加速因子参考值对应关系表

试验温度/℃	整机加速因子 A_F
50	5.4
65	13.2
75	22.9
80	31.3
85	38.6
90	49.8
103	87.7
120	173.7

⑤加速试验时间的计算

加速试验时间的计算取决于试验温度的选取和试验子样数量的多少，即加速试验时间的计算公式如下

$$T=t'\div A_F\div n \tag{10-4}$$

式中　T——加速试验时间；

t'——等效试验时间；

A_F——加速因子；

n——子样数量。

例如，计算机产品延寿 4 年，等效试验时间为 $t'=42\ 188$ h。选用不同数量子样时的加速试验时间 T 对应关系见表 10－2。

表 10－2　子样数量与试验时间对应关系表

试验项目选择序号	加速试验温度/℃	整机加速因子 A_F	试验子样数为 $n=2$ 时的试验时间 T/h	试验子样数为 $n=3$ 时的试验时间 T/h
1	50	5.4	3 906.3	2 604.2
2	65	13.2	1 598.0	1 065.4
3	75	22.9	921.1	614.1
4	80	31.3	673.9	449.3
5	85	38.6	546.5	364.3
6	90	49.8	423.6	282.4
7	103	87.7	240.5	160.3
8	120	173.7	121.4	81.0

从表10-2可以看出，如果一个产品需要延寿4年、选用65 ℃加速试验条件时，当子样数为2，其试验时间为1 598.0 h，折合为66.6天；当子样数为3，其试验时间为1 065.4 h，折合为44.4天。

⑥延寿方案的评审

在完成了延寿试验时间的计算、延寿试验产品子样的确定、延寿试验方法的选择、加速因子的确定和加速试验时间的计算后，其延寿方案的基本内容就已经确定。在此基础上应形成完整的延寿方案报告，并组织相关专家和用户代表以及上级系统人员对延寿方案进行综合评审，只有通过评审的延寿方案才能指导后续延寿试验。

（5）寿命年限等效试验验证

①寿命试验验证

应严格按照评审通过的延寿试验方案进行试验。试验前应先确认受试产品数量、台号，并确保已经完成寿命试验前的整修，其技术状态符合延寿试验技术状态要求；其次，应准备好参加寿命试验的专用工装测试设备和通用仪器设备，明确试验地点和试验设备，确保温度和机械应力试验设备处于完好状态；试验过程的测试必须严格按照产品测试技术文件的规定进行，同时应明确参试人员职责及试验记录内容和要求，必须如实记录试验过程和测试结果；对试验过程中可能出现的问题制定处理措施和预案。

②故障处理原则

在所有试验过程中，由于产品本身的原因引起的产品在功能、性能参数等方面不符合本技术条件要求的现象，称为产品故障。同一故障多次出现，记为一次故障。由于测试设备、人为因素及外界干扰等外界原因引起的故障，不计为产品故障。

针对试验过程中可能出现的故障，一般遵循以下处理原则：

1）在贮存试验或加速贮存验证试验中若出现故障，应查明原因，给出处理意见并经评审通过后，方可进行故障排除工作。若需检修，需用户同意后进行，检修产品需有明确可用结论后方可继续进行贮存试验或加速贮存验证试验。

2）在验收试验中出现故障，应查明原因，采取措施排除故障后方能进行第二次试验。若第二次试验仍出现故障，应停止试验。该产品应进行设计和工艺质量复查，写出故障分析报告，采取有效措施后，在经过评审放行批准后才能重新提交验收试验。

3）例行试验中，其受试产品功能不正常，应停止试验。查明原因和采取措施后，经批准方能进行第二次试验。第二次试验仍出现故障时，应写出专题分析报告，并报告给上级总师系统。

10.2.3 整修延寿数据记录

在整修与延寿试验过程中，对产品的测试结果非常重要，它是评判产品功能和性能指标稳定性和可靠性的真实反映，是进行产品延寿结果和寿命评价的直接判据，因此必须对每项试验过程的测试数据如实记录并保存。保存中应注明试验项目、测试时间、测试设备和测试环境条件，测试数据应具有完整性、系统性和真实性，最终保证历次数据的可连续对比性。

10.2.4　整修延寿结果评定

在完成延寿试验后，应按照延寿试验方案的内容对试验项目及试验结果进行系统综合分析，编写综合评定报告，对试验过程中出现的问题是否会对产品寿命、试验结论造成影响给出评价，最终给出明确的延寿试验分析结论。

10.2.5　整修延寿工作总结评审

整修延寿试验工作结束后，应对整修延寿工作进行全面总结。重点针对方案的制定评审情况、产品整修工作内容、延寿试验项目与结果、方案规定工作项目的执行落实情况、试验结果的分析评定以及整修与延寿试验过程所出现问题的处理情况等方面的内容编写总结分析报告，评判结论的可信程度。

完成总结报告后应组织召开总结评审会，会议应邀请相关方面专家、系统总体单位和用户代表参加。会议应安排专家对所有试验报告、记录及评定分析报告等过程见证材料进行审查，对整修延寿工作进行评价，最终给出评审结论。

10.3　加速寿命试验对产品功能性能的影响性分析

在一个系统中，军用嵌入式计算机和其他电子产品一样，都有独立的结构、多样的信号外连接方式，以及由不同功能和工艺材料的元器件、零组部件组成。不同的是这些要素对于加速寿命的应力敏感程度不同，导致在持续相同的应力条件下对这些要素所产生的影响各不相同。本节重点分析在以温度为敏感应力的加速寿命试验后对产品性能影响最大和一般试验中容易忽略的几个环节。

10.3.1　对产品减振器性能的影响

减振器是产品自带的安装在系统中减缓自身机械应力的有效措施。一般的减振器为橡胶减振器和金属减振器，其中以橡胶减振器应用最为广泛。一般橡胶减振器的橡胶材料为天然橡胶，其性能参数会随贮存期的变化而变化，因此，减振器厂家一般对橡胶减振器的使用寿命都不给出具体的使用寿命年限。即使要求提供，所给出的使用寿命年限都比我们需要的年限短，一般为 5 年，绝对不会超过 8 年。

橡胶材料具有优良的减振缓冲的功能，但其材料本身受环境因素影响存在着交联、降解等化学变化和物理变化。尤其在加速寿命试验后，减振器性能都会出现下降，下降到一定程度就会失去减振效果，使产品所承受的机械应力增加，存在使用风险，因此，必须在一定的年限对减振器进行更换。如何确定一种规格的橡胶减振器的使用年限，必须采用加速寿命和试验评估的方法进行。

（1）加速寿命试验前

1）按照单台产品使用减振器的数量为 1 套，共选取 4 套减振器作为试验对象。

2）对 4 套减振器进行分组编号，用产品模装件分别安装减振器，按照整机规定的额度试验条件进行试验。试验项目包括筛选试验和例行试验，记录振动试验和冲击试验的响应曲线。

3）按照整机振动试验 3 倍额度试验条件进行振动试验，记录试验曲线。

（2）加速寿命试验

对 4 套减振器，按照整机确定的加速寿命试验模型进行贮存试验。

（3）加速寿命试验后

1）试验完成后，按照原编组，用模装件分别安装减振器，依照整机规定的额度试验条件进行试验。试验项目包括筛选试验和例行试验，记录振动试验和冲击试验的响应曲线。

2）按照整机振动试验 3 倍额度试验条件进行振动试验，记录试验曲线。

3）对加速试验前后的额定试验曲线和 3 倍额度试验曲线分别进行比对。

4）对加速试验后的减振器橡胶材料，按照 GB/T 531—1999 对硬度（邵氏 A），按照 GB/T 528—1998 对拉伸强度、拉断伸长率和拉断永久变形进行测试，并与试验前的橡胶材料进行比对。

（4）试验结果评价

根据响应曲线比对分析结果，如果试验后的响应曲线未发生变化，且硬度、拉伸强度、拉断伸长率和拉断永久变形指标变化不大，则说明加速寿命的年限即为该规格减振器的寿命，能够满足整机使用寿命要求。否则，说明该规格减振器达不到整机规定的延寿目标年限，必须提前更换。

10.3.2 对产品外连接器的性能影响

电子产品整机的对外连接方式都采用连接器实现，连接器的型号规格多种多样，但基本都可以分为座针、头孔和座孔、头针类。这些连接器都有着基本相同的失效模式，包括接触不良、插拔力下降和相邻针、相邻孔间绝缘性能下降。出现这些失效模式的原因一般是尘埃沉积、磨损、氧化、插接不到位、弹簧应力松弛、表面沾污、湿度增大导致存在漏电流等。由于有这些失效模式和机理存在，因此整机产品在进行加速寿命试验过程中应采取全面的防护和清洗措施，确保试验后连接器插接可靠，否则将会出现非常复杂的系统问题，一般难以复现和分析。下面用一个具体事例进行分析。

1）问题现象：×年×月×日在某地进行某型导弹的临射检查时，发生×计算机 DPU 转发图像灰度数据异常，与之通信的设备是 MM 计算机。在现场排故定位过程中，发现了×计算机相关连接器中存在多余物，经验证该多余物与故障本身无关，在插拔了几次电缆后故障消失，系统功能恢复正常。经过相关产品的多项试验验证，各单机功能性能均正常。

2）背景追踪：该枚导弹自出厂交付后，在筒弹贮存环境条件下已经贮存了 8 年。为了进行 12 年的加速寿命试验，该弹返回总装厂拆分了相关设备后在厂房环境下自然放置 2.5 年，相关单机设备进行了 80 ℃、1 200 h 的高温加速试验。本次发射的目的是检验导弹加速寿命试验后的效果。

3）问题定位：该问题经过分析和试验，定位于连接器插接问题，存在 3 种故障模式，即氧化、多余物和污染。

4）氧化模式机理分析：导弹已经交付 8 年，加上生产转运等已经超过 10 年，在筒弹状态下贮存环境条件有保障，因此，不是导致该问题的原因。导弹电缆在拆解设备后在厂房环境下自然贮存 2.5 年，因湿气和空气中酸性气体的作用，相关电缆插头的针孔中会有氧化现象（发乌）。通信互连的×计算机和 MM 计算机分别经过 80 ℃、1 200 h 的高温加速试验，其连接器的插针也会出现氧化现象，从图 10 - 4 中可以明显看到插针上有氧化发乌和插拔后的痕迹。通过这些因素分析可知，接插件针孔氧化可能导致首次插接后接触电阻变大，多次插拔后接触电阻恢复正常。氧化程度不一样其接触电阻变化程度也有差异，但一个针孔的接触电阻也就几欧姆，一个单向通信链路连接两机共有 2 个连接器 4 个针孔，接触电阻总和最大应不超过 10 Ω。

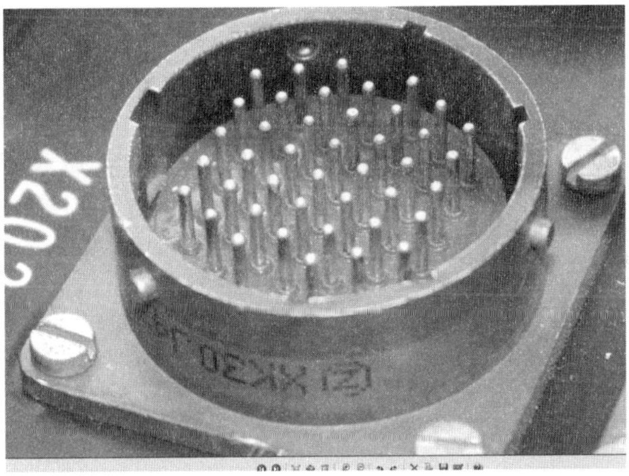

图 10 - 4　×计算机产品加速寿命试验后的连接器照片

5）多余物机理分析：多余物一般是导致接插件接触问题的主要因素，多余物的成分和形态直接影响接触电阻的大小。多余物的存在已经有直接的证据，一是有多余物的源头，二是有多余物存在的环境。根据现场发现的×计算机的连接器中有 2 处米粒大小的黄色多余物，认为是插头防护帽的碎屑，这种材料为绝缘材料，因此说明连接器的针孔结合处有存在绝缘碎屑的可能。这种碎屑可能造成针孔接触电阻变大，具体变化程度取决于碎屑的大小、位置、多少等，阻值可以大到使接触不导通。

6）污染机理分析：污染也是接插问题的主要因素之一，主要表现形式为在接插件的头、座上相邻两个针或孔之间沉积带电灰尘、汗渍等，这些污染在一定的温度和湿度条件下，带电粒子会形成通路，导致相邻针或孔信号之间产生漏电流，使信号幅度下降，最终发生故障。这种导通电阻随着污染程度不同而不同，可以使绝缘性能变差或直接导通。该故障模式一般用目视很难发现，它常常发生在湿度较大、温度较低的时间段，且随着产品加电温度升高会逐渐变化为正常，能够随着接插件的清洗而消失。根据现场发现的×计算机的连接器中有 2 处米粒大小的黄色多余物判断，该连接器插接前肯定没有清洗，受到的污染存在带电粒子，在当天的前几次加电时环境温度较低，被污染的通信接口信号产生漏电流较大，使光电耦合器的驱动电流变小而出现临界工作状态的模式。

7）综合机理分析与验证：创建一个实物互连环境如图 10－5 所示，并设计相互通信的模拟测试程序。在实际产品中 R_1^* 阻值 240 Ω（本书下文中，R 代表 R 器件阻值），R_2^* 阻值 110 Ω，G_0 为 HCPL 5601，$I_F=10$ mA。

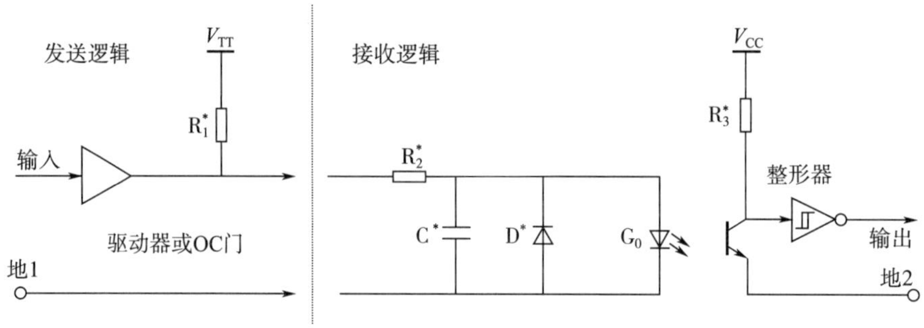

图 10－5　×计算机发送与 MM 计算机接收通信接口关系

8）多余物机理验证：在通信传输线的 R_2^* 前串接一只电位器 R，运行通信测试程序，调整电位器，检测通信正确性。通过试验发现，当串接电位器从小到大调到 1 000 Ω 时，通信处于临界状态，通信过程中会偶尔出现错误，与故障现象相符，说明多余物存在的机理成立。

9）污染机理验证：在通信传输线 R_2^* 前与地 1 之间串接一只电位器 R，运行通信测试程序，调整电位器，检测通信正确性。通过试验发现，当串接电位器从大到小调到 160 Ω 时，通信处于临界状态，通信过程中会偶尔出现错误，与故障现象相符，说明污染存在的机理也成立。

10）综合机理分析：通过氧化模式分析和多余物机理验证可知，在各设备互连中，一个单方向的数据传输要经过 2 个连接器上的 4 个插接点。如果每个插接点的氧化接触电阻增大（阻值为 R_0），那么链路中增大的接触电阻共有 4 R_0，如果出现多余物的等效电阻值为 R，则光电耦合器 G_0 的驱动电流将在原来只受（$R_1^*+R_2^*$）影响的基础上再增加（$4R_0+R$）的影响。由于 V_{TT} 只有 5 V，$I_F=(V_{TT}-1.5\ \text{V})/(R_1^*+R_2^*+4R_0+R)$，光耦 G_0 的导通电流 I_F 将减小。本来 I_F 导通电流的工作点选择就不大，该接口设计为 10 mA，再加上经过 10 年贮存和上千小时的高温老化使光耦传输比下降，会导致链路通信工作点出现下降偏移或到达临界，已经偏离了设计，在大量数据通信中出现偶然错误，如果偏移严重会导致所有通信出现异常。通过试验，当 R 阻值为 1 000 Ω、R_0 阻值可以忽略时就能够复现故障，只能说明在单故障模式下多余物是主要故障因素。

通过污染模式机理验证可知，在 R_2^* 前对地 1 串接 160 Ω 电阻时就可以复现故障，说明 R_2^* 前端的电压只有 2 V，光耦的 $I_F=$（2 V−1.5 V）/110 Ω=4.5 mA，远小于原来设计的额定工作点 10 mA。光耦处于临界工作状态，再加上光耦传输比的下降，会在大量数据通信中出现偶然错误，如果偏移严重会导致所有通信出现异常。随着多次插拔连接器，使连接器腔体内湿度降低，污染物分散掉落，接触变良好，I_F 实际电流会变大，使光耦远离临界工作状态，通信恢复正常，故障不再出现。通过该试验说明，在单故障模式下，污染是最有可能的故障因素。在该故障现场排故过程中，有关人员未事先意识到该插接故障模式，只关注设备软硬件故障排查定位，未能现场有效检查接插件的多余物或污染状态，通过 3 次插拔后一直做了近 70 次复现试验未能复现故障，因此我们不能断定该故障属于单模式故障还是多模式故障，即到底是污染造成的还是多余物导致的。由于现场不存在了，缺少直接证据，对此就不能排除任何一种模式，只能说两种模式都有可能。通过此故障的排查教训，要求我们在系统出现故障后的排查过程中应首先关注和排除接插件因素，实现设备间的因素剥离。

通过该事例说明，我们在做产品的加速寿命试验过程中，不能只关注单个设备的功能与性能变化，还要关注产品连接器的检测、清洗与影响分析，更不能忘记导弹系统与之相连接的电缆头的影响。设备级加速寿命试验结束后，除了对设备的连接器进行清洗外，还应关注系统电缆头的防护与清洗，确保电缆连接后不出现通路接触电阻变化引起的质量问题。

10.3.3　对光电耦合器性能的影响

光电耦合器是实现光电转换隔离的有效手段，在电子产品中为了解决不同逻辑或接口之间的共地问题被大量使用。由于光电耦合器的发光管和受光管在器件内部的特殊工艺结构，决定了光能与电能之间转换客观存在一个传输比。一个发光管和受光管在固定了安装位置后，该光耦的传输比就已经确定了。但随着高温加速寿命试验的应力持续施加，光耦的粘接材料、发光管和受光管的原始性能都会发生变化，会导致传输比发生偏移，最终导致原来设计的工作点发生偏移，严重时会导致工作异常。

到底光电耦合器的传输比随着高温加速寿命试验会发生什么变化，我们专门开展了板级产品加速寿命试验，得出了传输比普遍会出现下降趋势的结论。具体试验情况如下：

1）设计板级产品逻辑，选用常用的 6 种不同型号规格的光电耦合器；

2）按照正常流程和质量控制程序生产 4 块相同的具有独立功能的产品，编号为 M0101、M0102、M0103 和 M0104；

3）按照正常交付的产品标准进行防护工艺处理，并完成相关的筛选交收试验；

4）按照加速寿命模型进行试验，试验方法为高温高湿综合步进应力加速贮存寿命试验，所施加的应力为高温、高湿和电应力，是一种影响贮存寿命的综合应力，持续时间为 3 000 h，试验中按照规定时间间隔测试光电耦合器的相关参数，并计算传输比；

5）对不同光电耦合器的所有传输比进行分析，并给出结论。

在 M0101、M0102、M0103 和 M0104 四块板上，对各自 6 种不同规格的光耦进行测试，最终试验传输比变化趋势如图 10－6～图 10－11 所示。

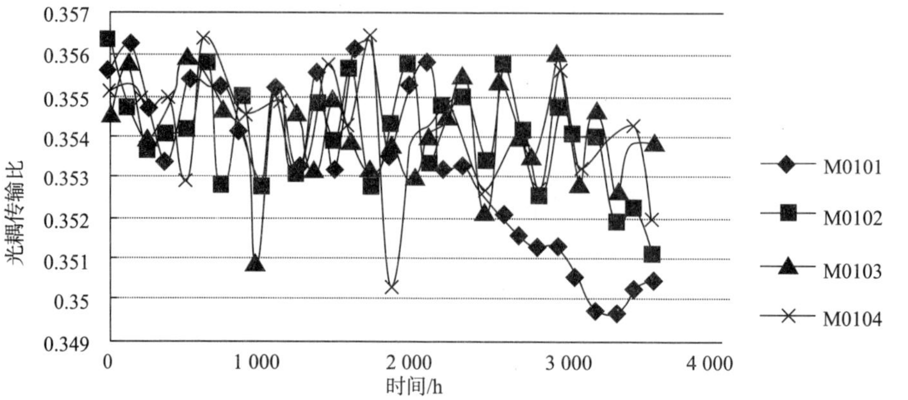

图 10－6　D14 位置光电耦合器传输比变化趋势

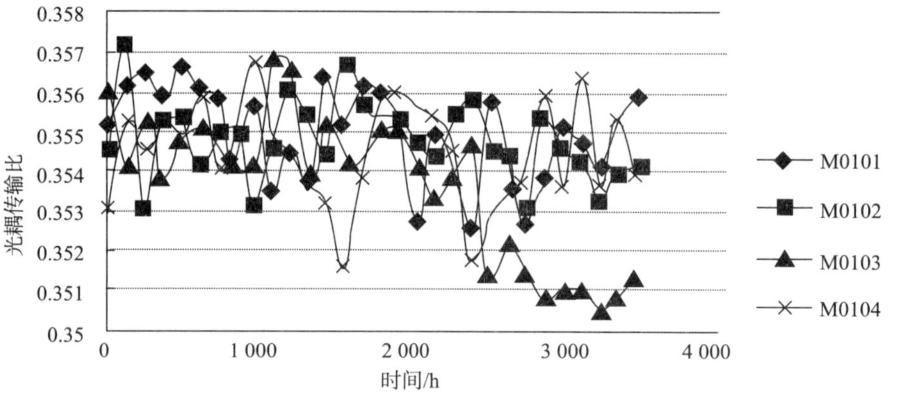

图 10－7　D15 位置光电耦合器传输比变化趋势

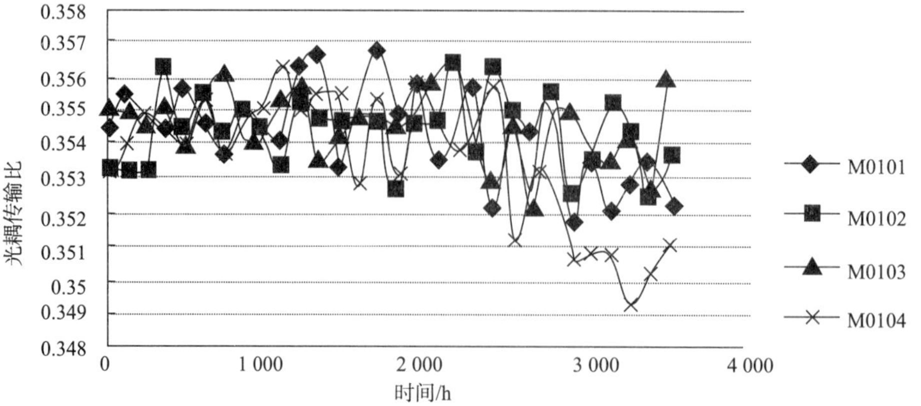

图 10－8　D29 位置光电耦合器传输比变化趋势

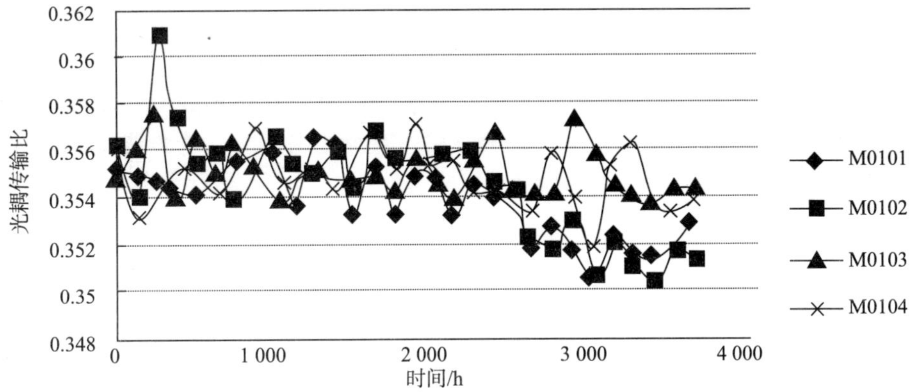

图 10－9　D30 位置光电耦合器传输比变化趋势

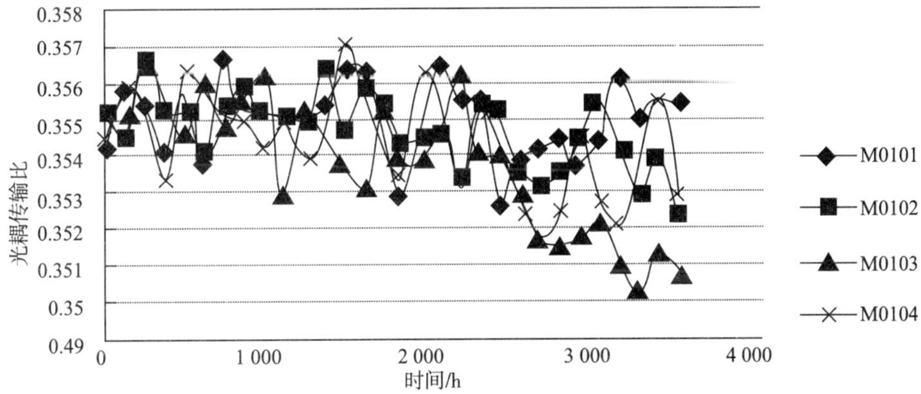

图 10－10　D46 位置光电耦合器传输比变化趋势

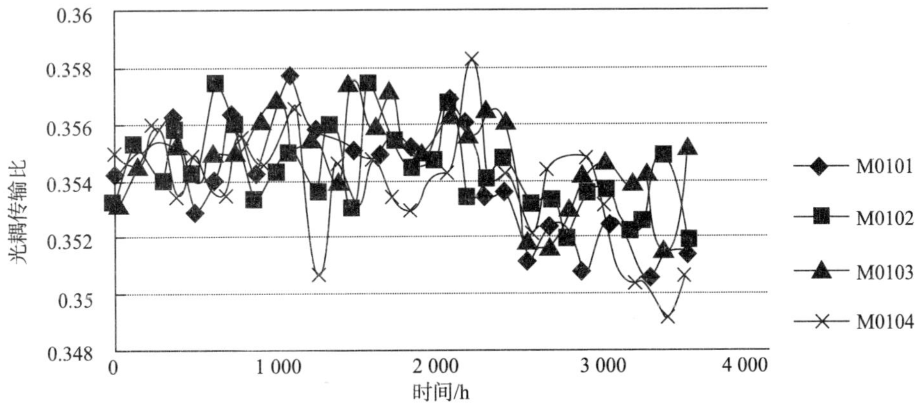

图 10－11　D47 位置光电耦合器传输比变化趋势

通过试验验证可知，不同型号规格的光电耦合器，在贮存一段时间后，光耦传输比都有退化趋势，特别是在 2 000 h 后所呈现的退化趋势明显加快。这一试验结果也充分说明，在产品设计初期，我们确定的容差设计裕度非常关键，只有保证足够的容差范围，才能保证器件性能指标退化在允许范围内时不影响整机的系统使用性能，也才能保证整机产品维持足够的贮存年限。

第 11 章　试验与测试强度对军用嵌入式计算机的寿命影响

通过多年的实践积累，军用嵌入式计算机产品的试验程序与方法已经得到确认和固化。从整机产品装焊前的元器件测试筛选、整机筛选试验、例行试验、交收试验、电磁兼容试验和可靠性增长试验等，已经形成了完整的试验体系，而且都以军用标准的形式得到固化和推广。这些试验程序与方法对有效剔除缺陷元器件、暴露设计与工艺薄弱环节非常有效果，能够确保整机产品交付后的使用寿命。但是，这些试验都有一个量级和次数的规定，如果超过标准规定的量级或次数限制，将对产品长期贮存过程中的维护、整修和使用可靠性带来影响。

11.1　试验强度对整机产品的寿命影响

军用嵌入式计算机的试验项目很多，按照国军标严格的试验规范和项目，一般分为筛选试验、例行试验和鉴定试验。其中，经历了例行试验和鉴定试验的产品是不能正式交付上天飞行的，也是不交付用户的。讨论试验强度对计算机整机产品的寿命影响只针对通过筛选试验而交付用户的正式产品。

11.1.1　元器件的测试筛选试验

军用嵌入式计算机在生产过程中，首先要对装机的所有元器件进行认证和筛选，除了破坏性试验外，对剔除缺陷元器件最有效的试验就是功率老炼。电子元器件的功率老炼，有严格的行业标准，都是依据该产品的详细规范进行，其目的是通过温度和电应力的共同作用，激发产品的内部缺陷，暴露薄弱环节，早日淘汰残次品，使失效率处于浴盆曲线底部的合格品保留下来，起到淘汰废品、保留合格品的考核作用。一般情况下，元器件所受到的应力损伤一般包括机械应力（包括振动、冲击和管腿成型等）、环境应力（包括高温、低温和湿度以及电磁等）和电应力（包括过电压、过电流和静电等）。元器件的认证筛选，只要防护措施到位，严格按照产品的详细规范和国军标规定施加应力和测试，一般不会对产品的使用寿命造成影响，只能起到保证作用。但如果过程管控不严格，所提供的测试环境设备电源超出标准、所施加的环境应力条件不符合筛选标准要求、插拔安装防护不到位等，这些因素所造成的危害有些模式不一定通过测试就能被发现，也不一定能立即表现出来，将对产品的使用寿命产生隐患。如对于静电敏感器件，筛选过程中的静电防护如果不到位，器件受到静电的损伤不能立即被发现，而随着使用时间的加长，或后续还会产生静电的累积，受到一定条件的诱发，将导致产品相关功能提前失效，影响整机产品寿命。

11.1.2　整机产品的温度循环试验

军用嵌入式计算机整机产品所要经受的筛选试验中综合暴露问题最直接的试验是温度循环试验。根据本试验的特点分析，容易对产品造成伤害的环节有多个方面。

第一，低温条件下的产品加电问题。产品经过低温保存后，机箱内部已经达到温度平衡，一旦开始升温，由于气体湿度较大，机箱内部会产生凝露。如果内部印制件存在导电杂质，且防护措施不到位或未做三防处理，将会使板上相邻信号间形成通路产生漏电流，使产品损伤或功能异常，对于未直接表现出的损伤，将成为影响产品寿命的隐患。因此，在做温度循环试验时一定要注意对试验箱的排潮处理或对产品的保护，防止试验箱或产品机箱表面积水流入产品内部产生污染或短路损坏。同时要保证升温过程中禁止产品加电。

第二，温度循环次数限制问题。由于温度循环是一个不断从低温到高温再到低温的循环过程，利用这个温度变化过程来激发元器件、工艺和设计的潜在缺陷，但温度循环的次数是有限制的，不允许无限制地进行。按照现在的认识，试验多了会造成不期望的损害，会影响产品的使用寿命。GJB 1032—90《电子产品环境应力筛选方法》就规定了明确的限制，具体内容如图 11-1 所示。

5.1 温度循环试验条件

温度循环试验产品有两种情况：

a. 对无冷却系统的试验产品，在升温和高温保持阶段，试验产品应通电；在降温及低温保持阶段，应断电；

b. 对有冷却系统的试验产品，试验时间应同时将冷却介质进行高低温循环。

5.1.1 高低温极限值（高低温设定值）：是指试验箱内空气温度。具体由产品有关技术条件确定。一般取产品的工作极限温度，也可取非工作温度。

5.1.2 高低温保持时间：按附录 B 的方法由试验确定。

5.1.3 温度变化速率：5 ℃/min（整个温度变化幅度内的平均值）。

5.1.4 一次循环时间：3 h 20 min 或 4 h。

5.1.5 温度循环数及温度循环时间：在缺陷剔除试验中，温度循环为 10 次或 12 次，相应试验时间为 40 h。在无故障检验试验中则为 10～20 次或 12～24 次，时间为 40～80 h。

图 11-1　GJB 1032—90 温度循环筛选试验条件规定

从标准中规定的条件可知，产品交付前的温度循环试验缺陷剔除最高 12 次或试验时间为 40 h，无故障检验中试验次数最高为 24 次或试验时间为 80 h。按照此标准，一般产品的温度循环次数应为 12 个剔除循环再加上 2 个无故障循环，无故障循环的次数要限制，不能无限制选择，甚至超过 24 次。因为产品通过 12 个剔除循环和 2 个无故障循环后已经证明产品的缺陷已经剔除，具备交付的基本条件，在后续的使用和贮存期，产品有可能会出现因损坏维修或状态更改，这时还应对产品进行相应的温度循环试验考核，生产交付时必须预留能够进行因维修更改所需试验的裕量，一般预留 20 次且在后续试验中严格控制次数，是可以保证贮存寿命需求的。如果产品温度循环试验次数累计超过 36 次时，一般该产品将不能再进行温度循环试验，否则其寿命无法保证。如果真的出现这种情况，就要进行专项验证和分析。

第三，高温保持阶段要保持产品加电测试。在温度循环高温保持阶段，产品不仅要承受环境温度应力，还要考虑机箱密封产品在此条件下加电工作自身产生热量。如果高温保持阶段不加电，就会忽略自身产生热所带来的影响，使产品的考核环境不真实，真正的缺陷无法暴露。高温阶段产品加电也应考虑加电的持续时间，一般最少要保证一个完整的工作过程时间，如 2 h 或 4 h。事实证明，许多产品正是忽略了这点而导致真实环境应用中出现了异常。

11.1.3　整机产品的振动试验

军用嵌入式计算机产品的随机振动筛选试验的主要目的是检验产品的装焊、装联与装配的工艺可靠性，同时也检验所有元器件的振动环境适应能力。随机振动试验谱型如图 11－2所示。按照试验的目的与过程分析，在此试验中有以下几个方面的要素必须控制才能保证产品的使用寿命。

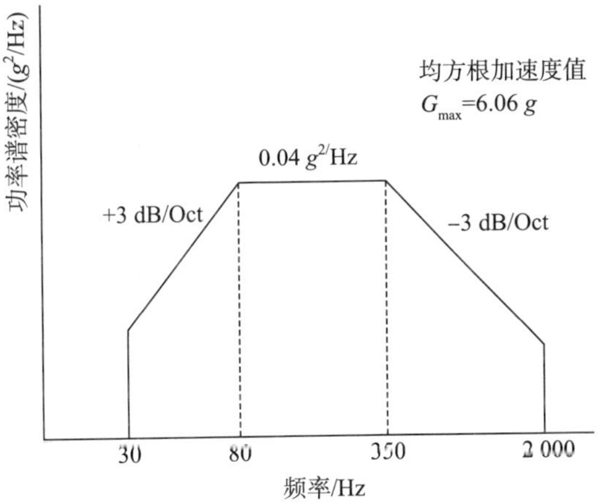

图 11－2　随机振动试验谱型

GJB 1032—90《电子产品环境应力筛选方法》中对振动试验的规定如图 11－3 所示。

5.2.2 施振轴向的确定

施振方向的选择取决于产品的物理结构特点，内部部件布局以及产品对不同方向振动的灵敏度。一般情况只选取一个轴向施振即可有效地完成筛选。必要时亦可增加施振轴向以使筛选充分。在筛选试验前应通过产品的振动特性试验，为确定施振轴向提供依据。

5.2.3 施振时间

在缺陷剔除试验阶段为 5 min。

无故障检验阶段为 5～10 min。

5.2.4 控制点

控制点应选在夹具或台面上最接近产品的刚度最大的部位。对大型整机可采用多点平均控制。

5.2.5 监测点

监测点应选在试验产品的关键部位处。使其均方根加速度不得超过设计允许最大值。若超过则应进行谱分析。查出优势频率所在，允许降低该处谱值，以保证不使试验产品关键部位受到过应力作用。

5.2.6 通电监测

在研制阶段及批生产初期的产品，应通电监测性能；在批生产阶段的产品试验时可不通电，或视产品技术条件而定。

图 11-3　GJB 1032—90 随机振动筛选试验条件

从标准中可以看出，第一个因素是施振轴向的选择问题。一般情况下选择 3 个轴向中的敏感方向就可以了，但是有些型号按照自己的总技术条件规定要做 3 个方向。在这种已经超标准的情况下，要保证产品不受过应力的影响，就要特别保证产品试验安装方向的准确，不能一个方向振动时在其他两个方向产生应力。

第二个因素就是试验时间问题。按照标准规定，缺陷剔除试验时间为 5 min，无故障检验时间为 5～15 min，也就是说产品的最长振动时间为 20 min。这就导致了生产检验振动与后续排故或更改需要振动的时间分配与平衡问题，生产阶段不能把振动允许时间用完，如何平衡这一点，同样标准中也给出了振动筛选试验时间分配实例，如图 11-4 所示。

A4　应用实例

产品在各种试验中可能经历的随机振动时间如下：

缺陷剔除试验为 0.04 g^2/Hz，5 min。

无故障检验中，不允许出现故障的检验时间应为 5 min（0.04 g^2/Hz）。尚余 10 min 为在 0.04 g^2/Hz 下允许发现和查找故障的时间。

表 A2 给出一实例。说明随机振动试验时间的分配及试验量级与等效时间的关系。该例中产品经缺陷剔除试验后，在无故障检验中，至第 4 min 出现故障，之后在 0.01 g^2/Hz 下进行了第一次故障查找，经历 20 min 结束。此后又进行第二次故障查找，振动量级增至 0.02 g^2/Hz，又进行了 20 min。最后通过了 5 min 的 0.04 g^2/Hz 的无故障检验。

表　**A2**

试验阶段		试验量级/(g^2/Hz)	试验时间/min	等效时间/min	时间比
缺陷剔除		0.04	5	5	5/20
无故障检验	发现故障	0.04	4	4	4/20
	第一次故障查找	0.01	20	0.31	20/1 280
	第二次故障查找	0.02	20	2.5	20/160
	无故障检验	0.04	5	5	5/20
总计		—		16.81	—

图 11-4　振动筛选试验时间分配实例

第三个因素就是加电测试问题。对于研制产品，应首先在振动中必须保证产品加电并对所有功能和性能进行检测。一般情况下，不允许振动时不加电，待振动完成后再进行测试。因为这样就无法暴露产品在机械振动应力条件下的缺陷，尤其是对计算机高速信号的传递瞬断影响无法检测。与此同时，在检测时要注意特殊器件的检测方法，尤其是机电一体化产品。如继电器、电位器的输出测试，这种信号的检测依靠用状态指示灯显示无法分辨出跳变故障，同样依靠自动采集时也会因为采集速度的关系使得瞬断跳变模式不能得到全部暴露，应采用高分辨率的信号记录仪或示波器进行触发模式捕捉。对于批产阶段产品，随着批产数量的不断增加、工艺不断稳定，振动时可以选择不加电测试，但振动结束后应加电进行全面测试。

11.2 测试强度对整机特殊器件寿命的影响

在军用嵌入式计算机的生产过程中，需要进行从元器件测试筛选到整机试验的全过程考核，而这些考核最核心的内容就是对产品的全部功能和性能进行测试。由于计算机产品的特性决定了其测试方法一般为计算机自动化测试，突出的是全面、实时和快速，这就势必涉及到测试强度的问题。一般而言，施加应力越高、测试强度越强，对产品的测试越严格，暴露问题越彻底。但是，对于有使用寿命限制的一些特殊元器件，将会适得其反，不仅不能暴露问题，反而会造成损害，严重影响产品的使用寿命。如何把握测试强度，关注有使用寿命次数限制的特殊薄弱环节，保证整机产品具有足够的可靠性使用寿命，是一个非常关键的问题。本节将就这一问题的典型应用进行分析。

军用嵌入式计算机产品是由不同功能、性能规格的元器件组成的。计算机整机的功率老炼与元器件老炼的作用相同，主要目的是检验不同元器件按照设计逻辑组合后的性能稳定性、匹配协调性和工艺焊接的环境适应性等。其老炼方式一般分为常温老炼和高温老炼，或者二者的结合。

常温老炼一般是指在常温环境条件下，电子产品整机通电工作，间断或连续工作，累计时间达到规定时间的一项工作。不同的电子产品整机，其常温老炼时间各不相同，一般为 200 h。而高温老炼是指在给定的高温条件下，电子产品整机通电工作，间断或连续工作，累计时间达到规定时间的一项工作。不同的电子产品整机其高温老炼时间和高温条件也各不相同。还有的型号产品，由于规定的老炼时间很长，如 500 h 或 1 000 h，如果纯粹采用常温老炼将耗费大量时间和人力，造成生产成本增加，也不利于批量生产。为了保证老炼效果和时间的符合性，一般会采用常温加高温老炼的方法进行，例如 500 h 老炼时间可以分为 200 h 常温、300 h 高温加速，加速时间与采用的温度有关，不同的温度其加速系数不同，高温加速老炼时间为 300 除以加速系数。

在老炼的过程中，随着对产品通电的测试方式不同，其老炼方法也存在差异。第一种最为简单的方法为产品通电老炼，即只要给产品提供正常的工作电源，使产品的各功能模块处于加电状态，对功能不进行检测。这种方法简单，一般适应于系统复杂功能无法进行测试或测试系统庞大、测试成本大、大规模生产的产品。第二种为有限通电测试老炼，就是只对产品全部功能中的部分功能施加激励并进行检测，或对于施加的激励条件进行降额等效，对于其他功能、性能采用定时抽测或老炼完成后的全面测试，这种方法一般受制于测试系统的能力、检测环境限制或测试成本。第三种方法为全项检测通电老炼，即在老炼的过程中对产品设计所具有的全部功能进行全覆盖性测试，尽可能做到负载、流程及实时性的全部等效。这种测试一般适应于自动化程度最高的计算机测试，在军工产品中一般强调采用此方式，军用嵌入式计算机产品就是采用此种方法进行老炼测试的。

对于军用嵌入式计算机产品而言，不论是常温老炼还是高温老炼，整机产品都必须通电，在通电过程中运行相应的检测程序，以便随时诊断产品的功能、性能变化情况，及时发现问题并解决。由于老炼是一个持续加电、频繁测试的过程，对于电子产品内部的一些机电部件、大功率模块或使用寿命有限制的功能，就涉及到一个测试强度的问题。如果测试强度太低，会存在测试覆盖性不足问题；如果测试强度过高，就会导致相关部分功能的可使用寿命大大降低、裕量不足，甚至出现隐患或功能失效问题。

11.2.1 擦写次数有限制的存储器寿命影响

一般电子产品中用于数据、程序或信息长期存储的载体包括紫外光擦除的可编程只读存储器（EPROM）、电擦除可编程存储器（EEPROM）、闪存存储器（FLASH）。这些器件由于其存储单元的工艺结构不同，它们失效模式不同，对于环境因素的敏感程度也不相同。

EPROM 类器件作为早期产品程序存储器大量使用，但该类器件都属于可擦除型，都有一个紫外线擦除的窗口。如果整机产品在长期的贮存过程中，该窗口保护不到位，有可能造成带有紫外线的光照射，使内部存储单元内容出现变化，使单元内容在读出时出现不稳定或错误，就会影响产品的使用寿命，因此贮存过程中一定要注意对窗口的保护。

EEPROM 类器件作为程序代码或过程数据存储的载体，用于实时写入能够长期保存的信息。该器件是在线可电擦除型，且有擦除次数限制。在长期电功率老炼过程中，如果操作过程为频繁的写入和读出，使该器件的写入次数累计接近寿命限制、提前用完或剩余不多，将直接影响整机产品未来应用和贮存过程中对 EEPROM 的写入操作。因此，功率老炼过程中的测试强度一定要控制，可以采用频繁读出、定时或定期写入的方法进行检测，不能不写，也不能无限制地持续频繁写入。

FLASH 器件作为目前大量采用的程序与数据存储器件应用非常广泛，但 FLASH 器件都有一些隐含的指标，即写入次数限制和存储数据不丢失的年限。早期的产品数据不丢失年限一般为 10 年，随着工艺技术的不断提升，新产品的数据可靠保存年限可以达到 20 年。而一般数据丢失是由于存储单元的漏电引起单元状态改变造成的，这种漏电与产品的长期不加电有关系。如果存在数据丢失可以通过重新写入进行恢复。因此，在电功率老炼或正常使用过程中也要控制 FLASH 器件的写入频度。

以上器件在产品生产试验、老炼和交付过程中的擦写次数累计应不超过寿命次数的

30%，以确保后续使用期有足够的可使用次数。

11.2.2　电磁继电器寿命的影响

由于军用嵌入式计算机产品往往是一个系统的核心，要与多个设备互连，具备多种形式的接口，尤其对于一些大电流、高电压信号的控制多使用电磁继电器或固态继电器。分析以往电子产品的可靠性，继电器是较为薄弱的电子元器件类别。特别是电磁继电器，由于内部结构为电磁及机械可动系统，属机电一体化的特殊电路，在使用过程中，影响其可靠性的因素较多。确保继电器在电子产品中具有较高的使用寿命和良好的贮存使用特性，是确保武器系统电子设备满足贮存期指标要求的重要基础。

电磁继电器常见失效模式包括接触不良、接点粘接、灵敏度恶化、触点抖动、接触簧片断裂、线圈断线、短路（含线圈短路）和线圈烧毁。而导致这些失效模式发生的根本原因之一就是电磁继电器有使用寿命限制，即触点的吸合次数，一般超过吸合次数限制时就会导致触点吸合速度变慢、吸合力下降、触点磨损使接触电阻变大等，严重影响整机产品的使用寿命。因此，必须在老炼过程中严格控制电磁继电器的吸合次数，对与继电器接口有关的测试进行特殊处理，采用定时检测、过程抽测或最终检测的方法，保证整机产品生产试验、老炼和交付验收完成后，电磁继电器的吸合次数累计不能超过总寿命次数的15%，为产品的正常使用留取更多的可使用次数，能够使产品具有更长贮存期。

11.2.3　特殊接口器件寿命的影响

由于军用嵌入式计算机控制接口的多样性，导致产品内部要使用大量的大功率元器件或模块电路。所谓大功率器件是指该元器件或模块电路自身功率大于 0.3 W，通电工作或通电后使功能有效时即需要电源提供动态大电流、能够产生大量热量使自身温度不断升高的这类产品，如像 1553 总线收发器、固态继电器、RDC/DRC 转换器、DC/DC 变换器以及功率 MOS 管等。这些产品的功率热特性一般都能被大家充分认识到，且在工艺上采取足够的散热措施给予保证。但像 1553 总线模块或收发器以及固态继电器这类产品还有其特殊的使用隐患，这些使用隐患与老炼测试强度和方法紧密相关，且不被测试人员重视或认识到。

固态继电器一般被用于电源开关或大电流高电压信号的开关接口，可以由处理器程序按照需要进行自动开启或关断。固态继电器常见失效模式包括无功能、输出短路或开路、参数变化（输入电流过大或过小，输出接通时间延迟，输出接通电阻变化）和误动作。能够导致这些失效模式发生的一个因素是固态继电器的输出最大电流，当固态继电器长期保持输出大电流或最大电流时会导致内部长期发热，随着时间的累积，会使内部电路性能下降甚至失效。如果在高温环境下长期保持大电流输出，更容易加速产品性能退化。因此，必须充分认识这种风险，在产品常温老炼或高温老炼过程中，对测试检测程序进行有效控制，既能保证固态继电器的功能被检测到，又不使其长期导通持续工作在大电流状态。即采用脉冲通断方法，尽可能保持导通时间最短和次数最少，或者能够使其导通时的输出电流最小。

目前1553B总线已经成为军用嵌入式计算机普遍采用的标准总线，其通信速率已经从最初基本的1 Mbps增加到4 Mbps和10 Mbps。这类总线接口的设计都是将内部的5 V或3.3 V信号通过收发器和变压器变换为大于18 V的信号，尤其在向外发送数据期间需要600 mA左右的瞬态大电流。这一特殊性一般不被设计或测试人员所注意，如果所提供的电源不具备这样的动态负载特性，将导致系统工作不稳定或其他异常。在测试过程中，如果只强调1553总线接口测试的高密度测试强度，就会导致收发器A、B两个通道始终工作在大电流状态，会使器件内部的温度急剧升高。如果在高温下老炼，这种温升会很高，在印制板焊接状态下，当收发器器件管壳散热措施不好，尤其通过灌封包裹的模块，将导致壳温达到100 ℃左右，长期作用会使焊锡熔化，对焊点的可靠性造成影响，严重时导致焊点脱落。因此，为了保证该类器件的工艺可靠性和使用寿命，不论是老炼试验还是温度循环筛选试验中，1553B总线测试时，在保证功能测试的前提下，要求单通道工作与不工作时间的占空比不超过8%，A、B两通道都被检测的最高占空比之和不超过15%。

11.2.4 特制灌封模块寿命的影响

灌封是指用硅胶或导热胶对元器件进行填充、包裹的工艺过程，是电子元器件工艺加固措施的一种，其目的是增强元器件的安装强度，提高抗机械应力的能力。但是在实际的使用过程中，不单单是对元器件的灌封，有时为了特殊使用要求，必须对一个功能模块或整机进行灌封，如导弹数据记录器（简称黑匣子）中存储体的灌封，就是为了在100 000 g高冲击过载的条件下保证存储体的完好性。对灌封材料的选择就是要耐高温，在高温烘烤中保证不损坏，按照航空黑匣子的执行标准是1 100 ℃高温火烧时间60 min。

但是在黑匣子的实际高温老炼过程中发现，当高温70 ℃连续运行48 h后，产品的供电电流由正常的0.26 A增大至0.45 A，测试出现异常。经分析，这是由于灌封后的存储体能够有效满足1 100 ℃高温火烧时间60 min不损坏存储体，但经不起长时间高温环境下的保持。因为时间长了会使外部热量慢慢传递到灌封体内部，且不易散失，在加上高温老炼过程中存储体通电检测，自身产生的热量也无法散去，最终导致高温下热量聚集，在机械应力和温度应力综合作用下导致存储体印制件焊点热熔和器件失效。

解决这类问题的方法，不应采用通用的军用嵌入式计算机老炼测试方法，而应根据产品的工艺特点区别对待，有以下方法可以采取：一种方法是存储体先不灌封，遵循军用嵌入式计算机传统的常温老炼方式或高温老炼方式，老炼完成后对存储体灌封，最终进行常温检测；另一种方法就是可以先灌封，但是要严格控制老炼时间，即采用常温老炼方法完成老炼，或者采用高温老炼方法，但每个高温老炼时间单元不能超过4 h，4 h结束且断电后常温放置4 h以上再重新开始。当然，这类存储体的介质一般都是EEPROM或FLASH，对这类器件的老炼测试应充分考虑擦写次数的限制。

11.3　接插件对整机产品寿命的影响

接插件是军用嵌入式计算机对外互连进行信息交换、实施控制的唯一通道，接插件一般都采用接触式导通实现信号传递。这种结构一般会导致其存在接触不良和插拔力下降的失效模式，主要是使用过程中造成的尘埃沉积、磨损、氧化、插接不到位、弹簧应力松弛和表面沾污引起。由于接插件的结构形式、规格千差万别，但其具有的共性就是接触不良将导致信号传递受到影响。一般接插件都有一个插拔寿命次数（早期产品为 2 000～5 000 次），超过了插拔次数限制将会直接导致失效模式的发生，这一点一般不被大家所关注，但它所引起的问题确是实实在在的存在。

一般情况下，对于一个军用嵌入式计算机而言，在全部的生产、调试和试验过程中，产品上所有连接器所经过的插拔次数，经过多个型号的统计和加倍计算，到产品交付时都距离规定的插拔寿命次数还有很大距离，足够保证全生命周期使用的需求。但有一些公用的测试系统及电缆所带的电缆头，由于长年使用，且频繁测试不同的产品，存在着明显的插拔次数累积，这种情况不能忽视。一旦当测试过程中经常出现一些非常奇怪的与测试环境有关的问题时，这个环节应能引起足够的重视。因此，应对测试系统所用的所有测试电缆头每年的插拔次数进行统计，对照不同型号规格的厂家给出的参考寿命次数，加强日常的清洗保养，尽可能延长寿命、降低测试隐患，适时进行更换，除此而外别无他法。

11.4　X 光照射及强磁环境对计算机产品功能、性能的影响

军用嵌入式计算机所运行的程序代码或 FPGA 代码是计算机按照规定程序工作的基础，这些代码如果受到某种因素的影响而发生改变，都会造成计算机运行故障。而存储这些信息的载体一般为 EPROM、EEPROM 或 FLASH 等非易失性存储器，这些存储器都怕 X 光照射。即在 X 光照射一定时间后，会引起位擦除或位电平能量泻放导致所存储的代码发生变化，或降低代码电平维持的时间，这种影响程度取决于光强度、照射距离和持续时间，这种情况一般发生在板级产品的 X 光焊点检查或故障排查过程中。因此，在实际工作过程中，应尽可能避免采用 EPROM、EEPROM 或 FLASH 等非易失性存储器的军用嵌入式计算机长时间近距离照射 X 光。一般的机场、车站等安全检查，由于照射时间短、光照距离远不会对计算机产品造成影响。

另外，计算机产品或 MEMS 产品中都不可避免采用了一些电感或磁性元件，这些电感或磁性元件，经过在强磁环境下的长期贮存，会导致其磁特性发生变化，使系统中的相关设计指标发生改变，引起产品工作异常。如带有 MEMS 传感器的某集成一体化计算机产品在振动台或三轴转台上连续放置 2 天后，加电测试时出现陀螺指标异常，产品离开强磁环境静置半天后恢复正常。因此，军用计算机产品放置或长期贮存时应远离强磁环境。

11.5 综合影响分析

在军用嵌入式计算机的全生命周期内，研制生产过程是产品寿命可靠性的基础保证。而在这些基础保证中，应以各元器件规定的与寿命可靠性有关的指标为基础，关注和分析产品的试验和功率老炼以及测试强度对产品使用寿命的影响，保证产品中的特殊元器件这一直接决定产品寿命基础的最容易被忽视的环节。全面管控这些特殊元器件在功率老炼以及强度测试中对寿命造成的损害，保证整机产品的基础寿命，这将对整机产品交付后的使用与贮存寿命裕度起到决定的保证作用。

参考文献

[1] GJB 1032—90 电子产品环境应力筛选方法［S］. 国家军用标准，1990.

[2] GJB 1181—91 军用装备包装、装卸、贮存和运输通用大纲［S］. 国家军用标准，1991.

[3] GJB 1391—1992 故障模式、影响及危害性分析程序［S］. 国家军用标准，1992.

[4] GJB 3589—1999 弹（箭）载计算机接口设计要求［S］. 国家军用标准，1999.

[5] GJB 72A—2002 电磁干扰和电磁兼容性术语［S］. 国家军用标准，2002.

[6] GJB 1389A—2005 系统电磁兼容性要求［S］. 国家军用标准，2005.

[7] GJB 151B—2013 军用设备和分系统电磁发射和敏感度要求与测量［S］. 国家军用标准，2013.

[8] QJ 2957—1997 弹（箭）载计算机设计规范［S］. 航天行业标准，1997.

[9] QJ 3138—2001 航天产品环境应力筛选指南［S］. 航天行业标准，2001.

[10] QJ 2227A—2005 航天电子元器件贮存和超期复验要求［S］. 航天行业标准，2005.

[11] QJ 3118—99 航天产品技术状态管理［S］. 航天行业标准，1995.

[12] Q/QJA 10—2002 航天产品质量问题归零实施要求［S］. 航天行业标准，2002.

[13] Q/Al. J 0014—95 航天计算机可靠性分配规范［S］. 航天行业标准，1995.

[14] Q/Al. J 20966. 1～. 4—2009 航天器用元器件复验和二次筛选技术条件［S］. 航天行业标准，2009.

[15] Q/Al. J 10341—2009 军用电子产品元器件降额设计补充要求［S］. 航天行业标准，2009.

[16] Q/Al. J 10352A—2011 计算机产品设计指南（第二版）［S］. 航天行业标准，2011.

[17] Q/Al. J 10363—2010 型号计算机产品复核复算要求［S］. 航天行业标准，2010.

[18] Q/Al. J 10561—2012 航天计算机功能接口关联性测试技术设计要求［S］. 航天行业标准，2012.

[19] Q/Al. J 10585—2012 航天计算机环境模拟试验验证通用要求［S］. 航天行业标准，2012.

[20] Alzu 质字 134—2013 计算机产品国产化器件替代验证管理办法［S］. 企业标准，2013.

[21] Alzu 质字-152—2014 型号产品质量问题归零实施细则［S］. 企业标准，2013.

[22] 孔宪祺，吴佩伦，等. 防空导弹弹载电子设备的结构设计及集成工艺［M］. 北京：宇航出版社，1993.

[23] ［美］B·E·凯瑟，著. 电磁兼容原理［M］. 肖华庭，诸昌清，等，译. 北京：电子工业出版社，1985.

[24] 张善德. 微型计算机系统的设计方法和接口技术［M］. 北京：人民出版社，1985.

[25] 吴敏渊，全伟正，等. ADSP 系列数字信号处理器原理［M］. 北京：电子工业出版社，2002.

[26] 周明德. 微型计算机 IBM（0520）原理及应用［M］. 北京：清华大学出版社，1985.

[27] 刘慧丛，刑阳，等. 湿热环境下湿度对塑封器件贮存可靠性的影响［J］. 北京航空航天大学学报，2010，36（9）：1089－1093.

后　记

军用嵌入式计算机全生命周期可靠性设计保证技术是航天型号与武器装备系统可靠性保证的重要支柱，是当前国内外科研院所和企业研究的重点方向之一，也是我国航天工程的核心基础技术之一，涉及到微电子与计算机及其可靠性的新理论、新结构、新方法、新技术等。研究实现军用嵌入式计算机全生命周期可靠性设计保证技术，对解决我国航天型号和国防武器装备的自主可控与长期可靠性，支撑我国航天技术和国防技术的发展有着重要的意义。

本书以作者参加工作近30年的探索实践为基础，将计算机软硬件系统设计与过程质量控制相结合，以军用嵌入式计算机全生命周期质量与可靠性保证技术研究为目的，首次全面地从全生命周期的角度出发，对涉及军用嵌入式计算机可靠性的全过程要素进行描述。其中，包含了风险识别、设计、测试、试验、故障诱发、质量问题归零分析方法和困扰寿命保障的元器件国产化替代以及整修延寿等方面内容，把传统继承与创新结合，是经过实践检验的具体方法，对恶劣环境计算机的设计保障和综合电子类产品的研制以及可靠性保证等都具有很好的实用参考价值。

本书一方面作者是对自己工作实践的总结，虽然没有高深的理论，但这是对以七七一所为代表的我国军用嵌入式计算机50多年技术发展水平与经验的总结和历史足迹的记载。在同行业中具有非常独特的优势地位，保证了军用嵌入式计算机技术的持续发展，推动了航天型号与武器装备智能化、高可靠与自主可控保障性的提升。另一方面，希望通过全面系统的总结能为同行从业人员提供系统性的参考，也希望在此基础上得到大家的不断丰富和完善，为我国军用嵌入式计算机技术与产业的进步发展贡献力量。